# 맥스웰의 도깨비: 열과 시간의 비밀

# 맥스웰의 도깨비: 열과 시간의 비밀

한스 크리스찬 폰 베이어 지음 | 권영욱 옮김

사이플러스
Science plus

# 옮긴이의 말

이 책이 《맥스웰의 도깨비가 알려주는 열과 시간의 비밀》이라는 제목으로 우리나라 독자에게 소개된 지 17년이 지났다. 워낙 내용이 딱딱한 과학이라고 인식되는 열역학의 개념과 역사를 소개하는 것이라서 커다란 성공(?)을 기대한 것은 아니었지만, 몇몇 독자에게서 온 반응으로 보아서, 열역학이 주는 여러 가지 메시지를 독자에게 전하고자 했던 당초의 목적에 부합하는 역할을 어느 정도는 했다고 자평한다. 17년 전과 비교하면 지금은 일반 독자를 대상으로 하는 과학 콘텐츠가 책과 방송 등으로 많이 보급되고 있지만, 열역학에 관한 내용은 그때나 지금이나 별 차이 없이 큰 관심을 끄는 주제가 아닌 것 같다.

이 책이 절판된 지 오래되었는데 아직도 이 책을 원하는 독자가 있다는 말을 듣고, 열역학이 주는 메시지를 전달하는 일은 앞으로도 계속되어야겠기에, 초판에 있었던 여러 오류를 수정하고 더 읽기 편한 글로 가다듬어서 수정판 원고를 준비하였다. 수정판 원고를 준비하면서 보니, 초판에는 원작자의 의도, 열역학 자체와 그 역사에 대해 충분히 이해하지 못하고 번역했던 대목이 꽤 있다는 것을 깨닫게 되었다. 제목 역시 책 내용을 충분히 담지 못했었다는 판단을 하게 되었다. 이 책의 원작이 《Maxwell's Demon》(1998년 발행본)과 《Warmth Disperses and Time Passes: The History of Heat》(1999년 발행본)의 두 가지 제목으로 발행되었기에, 이 두 제목에 들어 있는 중심어를 묶어서 초판의 제목을 지었는데, 이번에는 새롭게 해석한 관점에 맞춰 제목을《맥스웰의 도깨비: 열과 시간의 비밀》로 정하여 발간하게 되었다.

열역학이 주는 메시지는 다양하다. 무엇보다도 열역학은 다른 여러 과학 이론과는 달리 우리의 일상생활에 직접적으로 닿아 있다. 빅뱅으로부터 시작하는 우주론, 지구 생명계에서 인간의 위치를 다시 생각하게 하는 진화론, 물질과 인간 인지의 본질에 대해 심오한 질문을 던지는 양자역학과 상대성 이론 등은 인간의 존재에 대한 인식에 많은 시사점을 주지만, 당장 이들을 알지 못한다고 해도 우리의 일상생활이 바뀌지는 않는다. 이에 반해서 열에 관한 과학인 열역학에는, 주변에 항상 있기 때문에 그 존재를 잊고 지내지만 없으면 당장 큰일이 나는 공기와 같은 면이 있다. 우리가 일상생활을 하는 환경, 음식물의 조리, 건물의 냉난방, 자동차와 비행기 등의 운송 수단과 같이 한시라도 잘못되면 우리와 인간 사회의 작용과 심지어는 그 존재 자체에 영향을 줄 수 있는 내용을 포함하고 있다.

엔트로피의 법칙이라고도 알려진 열역학 제2법칙에 관한 논의에는 자연에서 일어나는 모든 현상에서 겉으로 드러나는 이면에서 일어나는 엔트로피의 원리와 작용, 그리고 엔트로피에 대한 다양한 해석이 포함되어 있다. 엔트로피의 의미와 작용에 대한 해석이 다양한 만큼, 이에 관한 책도 (심한 오류를 범한 것도 포함하여) 여럿이 소개되었다. 열역학 제2법칙은 여러 가지 관점에서 심각한 도전을 여러 번 받아 왔다는 점에서 여타 자연과학의 법칙과 구별

된다. 그 대표적인 사례가 맥스웰의 도깨비다. 맥스웰의 도깨비는 1867년에 맥스웰이 최초로 그 개념을 제안한 이후 지금까지 여러 가지 형태를 띠면서 열역학 제2법칙의 법칙으로서의 지위에 대해 도전하고 있으며, 이러한 도전에 대응하는 과정에서 열역학 제2법칙의 다양한 실체가 조금씩 드러나게 되었다. 따라서 맥스웰의 도깨비는 열역학 제2법칙의 본질을 이해하고자 하는 인간 지성의 위대함을 보이는 중요한 사례라고 할 수 있다.

이 책에서 저자는 열역학의 성립 과정을 역사적으로 전개하면서 열역학에 들어 있는 여러 개념을 자세히 설명하고 있다. 열역학의 역사에 등장하는 여러 인물에 관한 이야기로부터, 우리는 과학 이론의 발전 과정의 여러 단면을 보게 되고, 이러한 단면들로부터 과학의 본질을 들여다보게 된다. 또한 맥스웰의 도깨비 등 열역학의 여러 개념을 여러 예와 비유를 들어서 설명하여서, 열역학이 갖는 의미를 새겨볼 기회를 제공한다. 《맥스웰의 도깨비: 열과 시간의 비밀》이 초판보다는 더 친근한 모습으로 이러한 내용들을 독자에게 전달할 수 있기를 기대한다.

이 책이 새로운 모습으로 단장하고 수정판으로 나올 수 있도록 많은 준비와 수고를 해주신 사이플러스의 박종성 대표님과 편집부 직원분들에게 감사한다. 모쪼록 많은 분의 노고의 결실로 나온 이 책이 독자들에게 열역학이 주는 여러 가지 메시지를 잘 전달하는 매체로서 작용할 수 있기를 바란다.

2024년 3월 15일
권영욱 적음

# 차례

맥스웰의 도깨비: 열과 시간의 비밀

# 열역학과 도깨비를 소개하는 글

상상은 지식보다 위대하다.

*–Albert Einstein*

이 세상의 모든 문학 작품이 궁극적으로는 사랑과 죽음이라는 단순하면서도 끝이 없는 주제에 대해 파고들듯이, 우리가 일상생활에서 보는 평범한 기적에 물리학의 시작과 끝이 있다. 어째서 사과는 나무에서 떨어지는가? 보이지 않는 올가미 같은 것이 있어서 지구가 사과를 잡아채는 것일까? 중력의 수수께끼는 대여섯 살짜리 어린애나 수십억 원어치 장비를 움직이는 물리학자나 마찬가지로 사람의 마음을 사로잡는다. 무엇이 눈송이를 절묘하게 대칭적으로 만들어내는가? 빛은 무엇으로 이루어졌는가? 이런 질문들은 언제, 어느 곳에서나 생길 수 있는 호기심에서 나온 것으로서 철학의 역사만큼이나 오래전부터 있었으며, 우리의 언어가 생겼을 때부터 있었던 근본적인 것이다. 그리고 문명이 시작했을 때부터 철학자와 과학자가 주었던 해답으로 우리는 우주와 우주의 의미를 탐구해 왔다.

우리가 열이라고 느끼는 것은 우리의 감각으로 느끼고 마음으로 음미하는 수많은 자연 현상 중에서도 가장 원초적인 것이다. 모든 생명체는 생존하려면 아무리 적은 양이라도 열이 필요하다. 생명의 시초에 관한 어느 이론에 따르면, 30~40억 년 전 아주 옛날에 화합물로 채워져 걸쭉한 죽처럼 되어 있는 따뜻한 물웅덩이에 번개가 쳐서 생명을 이루는 가장 작은 단위인 아미노산이 만들어지게 되었다고 한다. 이런 원시적인 상황에서 열은 자궁과 같은 작용을 하였다. 열은 생명을 유지시켰다. 열이 없다는 것은 죽음과 같은 의미이다.

생명이 나타난 이후로 매우 오랜 시간이 지난 다음에 열이라고 하는 기묘하면서도 없어서는 안 되는 일상품을 사용하게 되면서 문명이 시작되었다. 우리의 조상이 불을 만질 줄 알게 되면서부터 그들은 짐승과 인간의 경계선을 넘어섰고, 그로부터 열이란 무엇인가? 열은 어떻게 만들어지는가? 우리가 열을 느끼지 않을 때 열은 어느 구석으로 숨어들어 가는가? 등 내내 우리 주변을 맴도는 단순한 물음을 향한 기나긴 여행이 시작되었다.

오늘날 우리는 열(또는 온기)이란 그저 (모든 사물을 이루고 있는, 그렇지만 아주 작아서 보이지 않는 원자나 분자가 한없이 마구잡이로 혼란스럽게 움직이는 것이 느껴지는) 운동일 뿐이라는 것을 알고 있다. 온도는 열의 세기를 측정하는 것으로서 이런 입자들이 움직이는 속도와 관계가 있다. 이들이 빠르게 떨면 만질 때 더 뜨겁게 느끼게 된다. 이러한 이해는 한 차원 더 어려운 물음을 던진다.

찻물을 식히기 위해 찻잔을 부엌 탁자 위에 놓았다고 생각해

보자. 서서히 그리고 조용히 보이지 않는 온기가 잔에서 주변의 공기로 빠져나간다. 심하게 흔들리던 물 분자의 움직임이 점차 잦아들면서, 느낄 수는 없지만 주변의 공기 분자의 움직임은 커진다. 그렇지만, 왜 꼭 이렇게 되어야만 하는가? 찻물에 부딪히는 공기 분자가 볼링공이 핀을 흩뜨려놓는 것처럼 자신의 움직임을 물 분자에 내줄 수는 없는 것인가? 어째서 서늘한 부엌의 공기에 담겨 있는 막대한 양의 운동이 보이지 않게 줄어들면서 찻잔의 더운 물이 저절로 더 데워지고 펄펄 끓게 되지는 않는 것인가?

19세기 중반에는 이 물음이 과학 연구의 중심 무대를 차지했었다. 그 당시에 떠오르기 시작한 열역학의 용어로 하자면 이 물음은 "더운 물체가 찬 물체와 접촉하였을 때, 어째서 열은 더운 것에서 찬 것으로만 흐르고 그 반대로 흐르지는 않는 것일까?" 말하자면, "어째서 열은 높은 곳에서 낮은 곳으로 흐르기만 하는가?"가 된다. 이런 식으로 표현을 하고서 보면, 이 물음은 나중에 중력이론과 일반 상대성 이론을 이끌어 내었으며, 오늘날에는 양자중력 이론을 탐구하는 자극제가 되고 있는 "어째서 사과는 위에서 아래로 떨어지기만 하는가?"라는 더 오래된 물음을 연상시킨다. 사랑과 죽음이라는 말이 문학의 주제를 강렬하게 표상하는 것처럼 떨어지는 사과와 식는 찻잔은 자연과학의 주제를 실감 나게 상징한다.

빅토리아 왕조 시대의 물리학자들은 찻잔의 미스터리에 대해 천착하면서 이 문제가 보다 심각한 결과를 낳는 다른 문제와 깊이 연결되어 있다는 것을 깨달았다. 이 중에서 가장 심각한 것으로서 증기기관이 안쓰러울 정도로 낮은 효율을 보인다는 문제를 들 수 있다. 보다 근대로 와서도 여러 골칫거리의 중심에는 이 문제가 있다. 즉 자동차는 태생적으로 효율이 매우 낮을 수밖에 없다는 침울한 사실이다. 설계를 잘하면 효율을 좀 높일 수는 있겠지만, 최첨단 가솔린 엔진의 최대 효율은 고작 30퍼센트 정도일 뿐이다. 이 침울한 숫자는 설계가 잘못되었거나 타이어에 문제가 있어서 낭비하게 되는 분량 말고도 사용되는 연료의 3분의 2 이상이 애초부터 그냥 버려진다는 것을 뜻한다. 우리가 쓰는 연료의 3분의 2는 우리가 운전하며 지나치는 공기를 데우는 데 곧바로 사용된다는 뜻이다. 그리고 이 문제에 대해서 우리가 할 수 있는 일이라고는 아무것도 없다.

어째서 그런 것일까? 왜 방열판과 배기관에서 나오는 열을 모으고 그것을 동력으로 사용해서 우리가 버리는 3분의 2의 연료를 절약할 수는 없는가? 놀랍게도 이에 대한 답은 찻잔에 있는 물이 저절로 끓지 못한다는 바로 그 자연의 법칙 때문에 이런 설계가 불가능하다는 것이다.

이런 관점에서 보면, 별 의미 없어 보이는 찻잔의 문제를 이해하는 것은 인간 지성에 대한 상당히 절박한 도전이 된다. 열기관이 내버리는 3분의 2의 연료를 사용할 수 있다면 미국은 석유 수입을 하지 않아도 될 것이고, 굴뚝에서 나오는 배출 가스를 줄여서 대기오염으로 인한 지구 온난화의 위험도 줄일 수 있고, 에너지가 부족한 제3세계의 경제 사정을 일시에 해결할 수 있을 것이다. 그러나 이런 일은 일어날 수 없다.

찻잔의 수수께끼는 실제적인 어려운 문제도 던져주지만 보다 인간적이고 철학적인 면으로도 우리의 삶에 영향을 미친다. 찻물에서 공기로 나오는 열의 흐름은(또는 어떤 한 물체에서 좀 더 차가운 물체로 이동하는 열의 흐름은) 시간이 흐르는 방향을 정의한다. 정의에 따라, '이전'이라는 말은 찻잔이 뜨거웠던 시점을 뜻하고 '나중'이라는 말은 찻잔이 식은 시점을 뜻한다. 열역학에서 말하는 '시간의 화살'이 없다면, 우리는 시간이 앞으로도 흐르고 뒤로도 흐르고 또는 전혀 흐르지 않을 수도 있는 가역적인 세계에 살게 될 것이다. 이런 가역적인 세계를 상상하기란 쉽지 않지만, 간단한 예로 그 세계의 한 면을 볼 수 있다. 당구대에 있는 당구공들이 서로 부딪히거나 벽과 부딪히지만, 마찰이나 공기의 저항이 없고 당구공의 에너지를 줄이는 소리도 없는 경우를 생각해 보자. 이런 장면을 찍은 필름이 있다면, 그것을 보는 사람은 필름이 앞으로 도는지 뒤로 도는지 알 수 없게 된다. 즉 이런 상황은 확실하게 가역적인 경우이다. 실제 세계와 실제 당구공은 그렇지 않다. 적절한 말로 표현하기는 힘들지만, 우리는 엄연히 시간이 앞으로만 흐른다는 것을 느낀다. 궁극적으로는 시간이 앞으로 흐르는 것은 열의 흐름으로 잴 수 있고, 이것은 자동차의 낮은 효율과 연결되어 있다.

찻잔의 문제를 분석하기 위해 19세기의 물리학자들은 에너지 보존 법칙이라는 효과적인 새로운 도구를 사용하였다.

에너지(가장 간단하게 정의한다면 무언가를 움직일 수 있는 능력)는 매우 많은 형태를 갖는다. 움직이는 물체는 다른 물체와 부딪혀서 그 물체를 움직이게 할 수 있으므로, 모든 움직이는 물체에는 움직임의 에너지, 즉 운동에너지가 들어 있다. 열은 움직임이므로 이 또한 에너지의 한 형태이다. 다른 종류의 에너지는 모터를 돌릴 수 있고, 이로써 물체를 움직일 수 있다. 그리하여 화학에너지는 석유나 석탄에 저장되고, 전기에너지는 전선을 따라 흐르고, 태양은 빛에너지를 우리에게 쏟아붓고, 핵에너지는 태양처럼 발전소를 움직인다. 그렇지만 에너지는 보이지 않는 곳에 숨어 있을 수도 있다. 한 예로 산꼭대기에 있는 조용한 호수의 물은 미동도 하지 않고, 다른 것을 움직이게 하지도 않고, 아무런 일도 하지 않는다. 그렇지만 파이프를 통해 물이 아래로 흐르게 되면 물은 계곡의 물레방아를 돌릴 수 있게 된다. 따라서 조용한 호수도 보기와는 다르게 중력위치에너지 또는 간단히 위치에너지라고 불리는 것을 저장하고 있는 것이다. 오늘날 우리는 에너지가 수십 가지의 형태로 우주의 곳곳에서 흐르며 숨어 있다는 것을 알고 있다.

1850년을 전후해서 추상적이고 느낄 수도 없고 그 양이 얼마인지도 알 수 없지만, 에너지가 보존된다는 사실을 여러 과학자들이 동시에 발견하였다. 에너지는 무에서 창조될 수도 없고 파괴될 수도 없다.

에너지 보존 법칙의 개념은 19세기에 있었던 과학적 변증 논리 중에서 가장 대담하면서 가장 포괄적인 것이며, 현대 물리학을 받쳐주는 견고하면서도 가장 근본적인 기반으로 남아 있다. 열의 과학, 즉 열역학이 공식적으로 성립되었을 때, 여기에서 에너지 보존 법칙이 주도적인 역할을 하게 될 것이라는 점은 자명했다. 이런 이유로, 특히 열이라고 불리는 에너지의 한 형태에 적용되는 경우에, 에너지 보존법칙은 열역학 제1법칙으로 자리 잡게 되었다.

그렇지만 찻잔의 문제는 그것이 시사하는 엔진의 낮은 효율과 시간의 화살의 문제와 함께 그대로 남아 있었다. 어째서 열은 낮은 곳으로만 흐르는가? 에너지 보존 법칙에는 차가운 접시에 뜨거운 감자를 놓았을 때 접시에 담겨 있는 적은 양의 에너지가 감자로 흘러가서 감자를 더 뜨겁게 할 수 없다는, 즉 부자는 더 부자가 되고 가난한 사람은 더 가난하게 되는 것을 막을 수 있다는 내용이 없다. 그리하여 "열은 자연적으로 뜨거운 물체에서 찬 물체로 흐르고 반대로 되는 경우는 없다"라는 명제는 이를 설명할 길이 없으므로 열역학 제2법칙으로 자리 잡게 되었다. 그렇지만 아무도 이 법칙의 원인을 알 수 없었고, 이 법칙이 얼마나 보편적인가에 대해서도 알 수 없었다. 이 법칙은 열역학 제1법칙처럼 예외 없이 어느 경우에나 성립되는가? 아니면 이를 거스를 수 있는 길이 있는 것인가? 이런 질문은 한 세기 반 전의 물리학에서는 핵심적인 질문이었다. 그리고 이들이 이 책의 주제이다.

전자기학 이론을 창시하고 그 과정에서 빛의 속성을 발견하였던 스코틀랜드의 물리학자 제임스 클럭 맥스웰은 이 수수께끼에 곤혹스러워하면서 열역학 법칙을 시험하려는 목적으로 가상의 존재를 고안하였다. 이것은 마치 무당이 불러내는 영혼처럼 맥스웰 한 사람만을 위한 존재로서 생명을 얻었지만, 얼마 되지 않아 탈출하여 과학의 전당을 떠돌게 되었다. 우리는 도깨비가 광학 테이블 위를 수놓는 레이저 광선을 몰래몰래 건너다닐 때나 컴퓨터 책상 밑에서 몰래 내다볼 때 가끔씩 얼핏 보지만, 거의 대부분의 경우에 도깨비는 도서관에 있는 방대한 양의 논문 속에 숨어 있다. 이따금씩 도깨비가 붙잡혀서 가까이 있는 창문 밖으로 무참히 내동댕이 쳐지지만, 도깨비는 반드시 다른 창으로 되돌아온다. 이와 같이 도깨비는 끈질기고 무례하고 성가신 쇠파리처럼 인간이 지적 성취감을 느끼려는 순간마다 이를 방해하면서 130년 넘게 물리학자들을 곯려 왔다. 물리학자들은 도깨비를 어떻게 다룰지 몰라서 보통은 무시하려고 하였지만, 도깨비는 사라지지 않았다. 이것이 맥스웰의 도깨비이다.

맥스웰이 도깨비를 고안하면서 겉모습을 구체적으로 묘사하지는 않았으므로 내 마음대로 도깨비의 모습을 그려보아도 괜찮을 것이다. 나는 도깨비가 빅토리아 시대의 그림 동화책에서 볼 수 있는 장난꾸러기 꼬마 요정과 비슷할 것이라 생각한다. 도깨비는 거의 누더기가 된 치마 같은 것 하나만을 걸치고 있다. 부드러운 가죽 같은 그의 피부는 매끈한 마호가니 가구처럼 빛이 난다. 그의 팔다리는 가늘지만 억세고 강인하며 손가락은 기다랗고 유연하다. 또한 손재주가 좋으며 발가락으로 움켜잡을 수도 있다. 그의 잘생긴 매부리코 위에 있는 둥글고 약간 튀어나온 눈은 좀처럼 껌뻑거리지 않으면서 세상을 응시한다. 헝클어진 그의 머리칼은 눈부신 흰색이고 뾰족하게 잘 다듬어진 그의 턱수염은 짙은 피부색과 강한 대조를 이루면서 그가 매우 나이가 많다는 것을 보여주는 유일한 증거가 된다. 그의 작고 주름진 얼굴에서는 번득이는 지성이 엿보인다.

도깨비의 사명은 맥스웰을 도와서 보이지도 않고 닿지도 않는 원자의 미시세계에서 열역학 제2법칙의 근원을 탐색하는 것이다.

1867년 12월 11일, 에딩턴 대학의 자연철학과(그 당시에는 물리학을 자연철학이라고 불렀다) 교수이자 어릴 적부터 친구였던 피터 구스리 테이트에게 쓴 편지에서, 맥스웰은 분자를 마음대로 조종해서 가던 길을 바꿀 수 있다면 무슨 일이 생길까 하는 생각을 하였다. 자신의 손가락은 원자를 잡기에는 너무 크고 거칠며, 시력은 원자를 보기에는 너무 약하기 때문에, 그는 분자 하나하나를 관찰하고 조작할 수 있는 아주 작고 '말 잘 듣고 손재주가 좋은' 귀여운 조수를 고안한 것이다.

맥스웰은 그의 도깨비에게 부여할 여러 가지 특수 임무를 설계하고 이로부터 어떠한 거시적 현상을 관찰할 수 있을지를 예측하고자 하였다. 그는 서로 다른 온도의 기체가 들어 있는 상자 두 개가 작은 거적문으로 서로 연결된 경우를 상상하였다. 도깨비는 둘 중 한 상자 안에 들어가 문 옆에서 날아다니는 분자의 폭풍 속에 몸을 움츠리고 앉아서 분자를 골라낸다. 이런 이유로 그는 '고르는 도깨비sorting demon'라고도 불린다. 그의 임무는 차가운 상자에서 이따금씩 보이는 유달리 빠르고 뜨거운 분자가 다가오면 문을 열어주고 다른 분자의 경우에는 문을 닫는 것이다. 또한 도깨비는 뜨거운 분자가 차가운 상자로 빠져나가지 않도록 한다. 이런 식으로 맥스웰은 그의 작은 문지기에게 찬 물체에서 뜨거운 물체로 열을 거꾸로 흘리도록 하였다.

비범한 지능과 손재주로 도깨비는 자연에서는 절대로 있을 수 없는 일, 즉 열역학 제2법칙을 거스르는 일이 일어나도록 할 수 있을지도 모른다. 이런 일이 가능하겠는가? 만약 아니라면 왜 아닌가? 반면, 가능하다면 이것은 열역학 제2법칙의 효용성에 대해 어떤 의미를 갖는가? 자신이 만들어낸 피조물의 모순적인 성질때문에 매우 곤란해지자, 맥스웰은 친구와 그리고 동료들과 이에 대해 토론하기 시작하였고, 이후 그의 다음 세대들은 내내 이 문제와 씨름해 왔다.

도깨비를 흥미롭게 생각하고 불멸의 생명을 넣어준, 맥스웰의 또 다른 스코틀랜드 출신 친구가 아니었다면, 도깨비는 어느 정도는 심오한 면도 있지만, 그저 별난 아이디어 정도로만 남았을지도 모른다. 글래스고의 자연철학과 교수이며 나중에 빅토리아 여왕이 켈빈 남작의 작위를 수여한 윌리엄 톰슨은 이 맥스웰의 피조물을 테이트보다 더 깊이 심각하게 받아들였다. 1874년 톰슨은 논문에서 자신이 "맥스웰의 지능 있는 도깨비 Maxwell's intelligent demon"라고 이름 붙인 것에 대해 설명하였고, 그 후로 이 이름이 따라붙었다.

이것을 도깨비라고 부르면서 톰슨은 여기에 귀여운 꼬마의 이미지를 후손들에게 남겨서 과학을 모르는 일반 사람들에게도 호소력이 있는 인간미가 있는 존재로 만들었지만, 도깨비는 여전히 마귀같이 영리하고 활동적이어서 요즘의 물리학자들도 어려워하는 문제들을 내놓고 있다. 그러나 맥스웰의 도깨비는 익살스러운 행동으로 흥미를 끌면서 열의 거동을 지배하는 법칙이 어떻게 원자의 마구잡이식 움직임에서 나오게 되는지를 설명하는 데 도움을 주었다.

"'도깨비'이라는 단어는 원래 그리스어로 초자연적인 존재를 뜻하는 것으로서 악의를 갖는 실제나 가상의 인격체를 강조하는 것으로 사용된 적이 없다"라고 톰슨이 애써 설명하였듯이, 이 도깨비는 악령이 아니다. 그는 중세 민화에 나오는 갈라진 말굽에 뾰족한 귀를 가진 심술궂은 도깨비라기보다는 소크라테스가 자신의 도깨비라고 불렀던, 평생 동안 충실한 조언을 해준 조용한 내면의 소리에 더 가깝다. (소크라테스는 재판에서 자신의 도깨비의 지혜에 최고의 찬사를 보내면서, 이 도깨비가 자신이 정치가로 나서지 못하도록 말린다고 말했다!) 맥스웰의 도깨비는 자신을 창조한 사람을 많이 닮아서, 매우 좋은 성품을 가졌지만 그의 뛰어난 지능 때문에 때때로 그를 파악하기가 쉽지 않다.

맥스웰의 도깨비는 세계 문학에서 독보적인 위치를 차지하고 있다. 상상 속의 존재 중에 과학 분야에 이보다 더 많이 알려진 것이 없고, 과학적으로 고안된 것 중에서 이보다 더 환상적인 것은 없다. 그가 창조된 바탕에 깔린 전제, 즉 원자의 세계로 내려간다는 아이디어는 새로운 것이 아니었다. 이보다 오래전인 1606년, 과학 혁명이 시작될 시점에 월터 레일레이 경의 과학 교사이자 박학가로 알려진 영국의 토머스 해리엇은 무지개의 원인에 대해 묻는 위대한 독일의 천문학자 요하네스 케플러에게 다음과 같이 썼다. "나는 지금 당신을 자연의 전당의 문 앞으로 인도해 왔습니다. 여기에는 수수께끼들이 숨어 있습니다. 문이 너무 작아서 들어갈 수 없다면, 수학으로 당신 자신을 원자로 추출하여 몸집을 줄이십시오. 그러면 쉽게 들어갈 수 있습니다. 들어갔다가 나온 다음에 거기서 당신이 어떤 기적들을 보았는지 내게 알려 주시기 바랍니다." 불행하게도 맥스웰이 이를 받아들일 때까지 케플러와 그의 후계자들은 이런 비정통적인 충고를 무시하였다.

이 도깨비의 정체는 무엇일까? 그는 단지 즐기기 위해 만들어진 바스락거리는 사랑스러운 요정, 단순한 장난감일 뿐인가, 아니면 200편이 넘는 과학기술 문헌이 시사하듯이 학술적으로 중요한 존재인가? 그는 상상 속에만 있는 것인가 아니면 그가 원자의 움직임을 지배하는 법칙을 항상 따른다는 점에서 실제로 존재하는가? 그는 생명체인가 기계인가? 그는 복잡한 유기체가 있는 우리의 세계에 살고 있는가, 아니면 형체가 없는 입자의 미시세계에 살고 있는가? 이 영리한 도깨비는 창조와 발견의, 문학과 과학의 경계선에서 절묘한 균형을 맞추며 살고 있다. 상대성 이론과 불확정성 원리가 알려진 현재의 시점에서 보면 이런 모호성은 문제점이라기보다는 현대성의 상징이다.

도깨비의 진정한 의미는 그의 작은 몸집이나 초인간적인 손재주에 있는 것이 아니고, 켈빈 경이 정확하게 보았듯이 그의 지능에 있다. 그는 지능을 이용해서 자신을 둘러싼 공기 등 자신의 주변 환경에 대한 정보를 처리하면서 눈부신 위업을 성취하였다. 우리는 20세기의 마지막에 다다른 지금에 와서야 정보처리와 무생물계에 주변 환경이 주는 미묘한 영향에 대한 물리적 원리에 대해 감을 잡기 시작하였다. 이 조숙한 도깨비는 그가 제기한 문제의 시대보다 한 세기나 앞섰던 것이다.

사실 맥스웰과 그의 동료들은 도깨비의 도움 없이도 열역학을 거의 완벽한 수준으로 발전시켰다. 1900년 전후에 이르러 몇 가지 모호한 점만 빼고는 거의 모든 일이 정리된 것처럼 보였고 물리학자들은 다른 주제를 추구하느라 열역학을 사실상 외면하였다. 그들은 원자 구조의 문제와 우주 밖 세계의 문제에 도전하는 두 개의 전선으로 나아갔다. '여기'와 '지금'은 손에 잡히는 세계라서 뒷전이었다. 열역학은 화학자의 손에 넘어갔고 물리학 교과 과정에는 대신 양자역학과 상대성 이론이 들어섰다.

지금 열역학은 거의 한 세기 동안 무시되었다가 다시 극적인 부활을 맞고 있다. 미립자에서부터 우주에 걸친 모든 것에 대한 보편 이론을 찾는 과정에서 맥스웰의 수수께끼 같은 도깨비는 그의 작은 몸집에 비해 훨씬 큰 중요성을 갖게 되었다. 그의 역설적인 장난으로 그는 열역학 제2법칙에 대한 새로운 해석과 열역학 제2법칙과 원자 수준에서 일어나는 과정에 대한 이론의 연결 관계를 제시하였다. 도깨비를 현대 물리학의 핵심으로 이끈 것은 그의 지능과 정보를 처리할 수 있는 능력 등 그의 특성이고, 그리고 무엇보다 중요한 것은 계의 밖에 서서 내려다보지 않고 주변 환경과 융화하려는 그의 습성이다.

이런 관점에서 그는 인간성에 대한 현대적 관점을 잘 반영한다. 우리 역시 우리 자신을 지능이 있다고 생각하고 방대한 양의 정보를 처리하지만, 결과적으로 그리고 고통스럽게 우리는 어쩔 수 없이 우리를 둘러싼 환경의 한 부분이라는 사실을 인지하기 시작하였다. 존경받는 미국의 물리학자 존 휠러가 한 말을 인용하면 "일상적인 상황에서는 우주가 우리와 상관없이 '저 밖에' 있다고 말하는 것이 유용하기도 하지만 이런 관점은 더 이상 지탱할 수 없게 되었다. 내가 사는 우주는 내가 직접 관여하는 우주라는 묘한 느낌이 든다." 이것이 원자 수준에서 처음으로 관여하였던 도깨비가 내내 우리에게 알려주려고 한 바로 그 교훈이다.

그러나 왜 그가 존재하게 되었는지와 어떻게 그가 오늘날의 그로 발전하였는지를 이해하기 위해서는 인간 경험의 땅속에 묻혀 있는 그의 뿌리로 되돌아가야 한다. 도깨비의 이야기는 더워지고 식는다는 것, 끓고 언다는 것, 불과 얼음에 대한 친숙한 경험의 의미를 찾고자 하는 오랜 탐구가 담긴 열역학 역사의 장막을 걷는다.

그리고 어쩌면 이것이 잔꾀를 잘 부리는 도깨비의 가장 뛰어난 재주인지도 모르겠지만, 그는 우리를 이론 물리학의 최첨단으로 이끌면서 동시에 역사를 거슬러 가서 열과 에너지와 같은 개념이 발전되어온 과정을 살펴보게 한다. 이런 개념이 없었다면 우리는 우리가 살고 있는 이 복잡한 세상을 이해하는 것은 물론 설명하려는 시도조차 못 했을 것이다.

# 1

# 포신 안에서: 열의 본질

열역학 법칙에는 사람에게서 나는 향기가 배어 있다.

*—P. W. Bridgman*

열역학은 인간의 생활을 편리하고 안전하게 하는 열에 대한 학문이다. 열의 진정한 본질에 대한 결정적인 단서는 1797년 미국인이면서 영국 측 스파이였던 럼퍼드Rumford 백작 벤자민 톰슨Benjamin Thompson이 뮤니히에서 대포를 제작하던 중 우연히 발견되었다. 당시 그는 친구에게 보낸 편지에서 "나는 내가 하려던 일과는 상관없이 우연히 이 연구를 하게 되었다"라고 썼다. 그렇지만 루이 파스퇴르가 지적하였듯이 기회란 준비된 사람에게만 오는 것이다. 그의 일생 경력과 심지어 그의 성품으로 봐도 벤자민 톰슨은 그가 관찰한 사실의 중요성을 인지할 수 있는 준비가 되었던 사람이다.

그가 대포를 만들려는 목적은 과학에 대한 호기심이 아니라 프랑스군과 싸우는 데 있었다. 장군으로서 그리고 바바리아의 공작 칼 테오도르의 궁정 경찰의 지휘관으로서 럼퍼드는 뮤니히의 방어를 책임지고 있었다. 럼퍼드가 문제의 발견을 한 지 2년 뒤인 1799년에는 나폴레옹이 권력을 쥐게 되고 프랑스는 제국주의적 야망을 드러내게 되지만, 발견이 있었던 당시에는 프랑스 혁명의 공화파 군대가 멸시받는 오스트리아군과 유럽 전역에서 싸우고 있었다. 비록 바바리아는 이 싸움에서 중립을 지키고 있었지만, 뮤니히는 파리에서 빈으로 가는 길목에 있어서 항상 전쟁의 위협을 느끼고 있었다. 앞날에 있을지 모르는 침략에 대비하여 럼퍼드는 무력 증강을 꾀하였고, 이를 위해 무거운 청동 대포를 제작하도록 명령하였다.

포신은 큰 원통을 주조하고 이를 병기창 공작소로 옮겨서 선반 위에 수평으로 누인 후 가운데에 구멍을 파서 만들게 된다. 이 작업은 포신의 한쪽 끝에서 강철 날로 만든 드릴을 거대한 나사를 이용하여서 수 톤의 힘으로 밀고, 동시에 포신의 반대편 끝은 회전하는 굴대에 연결하여서 1분에 32바퀴의 속도로 회전시키면서 진행한다. 이 회전시키는 힘은 아래층 한구석에 있는 크랭크에 말 두 필을 묶어서 말의 힘으로 크랭크를 돌려서 얻어내고, 여러 개의 톱니바퀴를 통해서 크랭크의 힘이 선반의 굴대에 전달되도록 하였다.

이 작업장은 과학 탐구를 하는 실험실하고는 거리가 먼 곳이었다. 쇠가 깎이며 나는 파열음이 거대한 나무 톱니바퀴가 돌면서 나는 소리와 기름칠한 선반 위에서 회전하는 포신에서 나는 소리와 섞이고, 먼지로 뒤덮인 작은 창을 통해 들어오는 희미한 빛으로는 구분하기 힘든 작은 쇳조각이 널려 있었다.

이런 정신없는 환경에서도 럼퍼드는 흔들림이 없었다. 그는 진한 푸른색의 눈을 가진, 과묵하고 약간은 불만스러운 표정을 지닌 키 작은 사람이었다. 그는 냉정하지만 놀라운 집중력을 갖고 있어서, 이렇게 정신없는 병기창 작업장에서도 자연과학의 원리에 대해 생각할 수 있는 사람이었다.

럼퍼드의 마음에 위대한 과학자나 어린아이에게서 공통으로 볼 수 있는 단순하지만 강렬한 호기심이 일었다. 열이란 무엇인가? 드릴의 날 끝에서 나오는 이것은 무엇인가? 럼퍼드는 평생 열과 불의 본질과 이들을 어떻게 이용할 수 있는가 하는 문제에 몰두하였다. 그는 보스턴 외곽 우번에 있는 가난한 집에서 태어나서 자랐다. 13살 때에는 로켓과 폭죽 제조 방법에 대한 내용이 세밀하게 잘 정리된 실험 기록을 남기기도 했다. 직접 이 실험을 하다가 사고로 폭발을 일으켜서 심한 화상을 입기도 했지만, 이런 일로 굴할 사람은 아니었다. 그 후의 삶에서 럼퍼드는 대포, 총, 용광로, 화로, 등, 아궁이 등에서 떠나 본 적이 없었다. 화약은 그의 꿈이었고 열은 그의 열정이었다.

그는 체계적으로 마찰열의 양을 측정하였다. 즉 금속과 금속을 서로 마찰시킬 때 나오는 열의 양을 측정한 것이다. 이를 위해서 그는 열이 새어나가지 않게 잘 단열시킨 특수한 모양의 금속 봉을 제작하고 날카로운 날을 가진 드릴 대신 끝이 무딘 드릴을 사용하였고, 포신의 앞부분을 물탱크에 담가 실험하였다. 그는 나중에 런던의 왕립학회에 제출한 논문에서 "물에 손을 넣어보고 포신을 만져보면서 관찰하니, 이 실험을 시작한 지 얼마 안 되어 열이 발생하는 것을 알 수 있었으며, 곧 포신 주위의 물이 확연히 더워지는 것을 알게 되었다"고 보고하였다.

그다음에 극적인 장면이 나온다. "2시간 30분이 지난 후엔, 물이 끓기 시작하였다. 그 많은 양의 찬물이 불도 없이 데워지고 끓기까지 하는 것을 지켜보면서 그 자리에 있던 사람들이 지었던 놀라움과 경악의 표정을 제대로 묘사하기는 어려울 것이다." 18세기 과학 논문에서 특징적으로 나타나는 진솔한 서술 방식으로 럼퍼드는 이어서 다음과 같이 썼다. "사실 이 일이 별로 놀라울 만한 것은 아니라서, 만약 내가 고명한 학자로서의 명예를 얻고자 한다면 숨겨야겠지만, 나는 일종의 어린애 같은 희열을 느꼈다." 어린애 같은 희열은 매우 편협한 과학자를 빼고는 모든 과학자를 만들고 키우는 원동력이 되겠지만, 럼퍼드가 명예를 마다하는 성품의 소유자는 결코 아니었다.

벤자민 톰슨은 젊어서부터 자신에게 이익이 되는 일이라면 거칠 것이 없는 사람이었다. 열아홉의 나이에 그는 당시에는 럼퍼드라고 불렸던 뉴햄프셔 주의 콩코드에 사는, 자신보다 열네 살이나 많은 돈 많은 과부와 결혼하였다. 1775년에 그는 식민지 총통의 스파이로 활동하였는데, 총통에게 보내는 편지를 쓸 때는 직접 제작한 비밀 잉크를 사용하였다. 한번은 당시 식민지 주민에게 반역죄로 체포되기도 하였으나, 증거불충분으로 석방된 적도 있었다. 1776년 3월, 보스턴의 영국 식민정부가 위태로워지고 있는 것을 느끼고는, 아내와 갓 태어난 딸을 버리고 새로운 모험을 위해 바다를 건넜다.

그는 비록 기회주의자였지만, 매우 영리하고 근면하였으며 정리 정돈에 매우 철저하였다. 소년기의 일기장에서부터 최후의 유언장까지, 그가 쓴 글들은 그가 얼마나 정리 정돈에 철저하였는지를 잘 보여준다. 그는 매우 뛰어난 실험 공책을 항상 들고 다니면서 일과 사회생활 중에 시간만 나면 이를 정리하여 논문으로 발표할 수 있는, 특이하지만 과학자로서 매우 유용한 재주를 갖고 있었다. 그의 성격은 질서와 체계, 그리고 순서를 강조하던 당시를 풍미하였던 계몽주의 사상에 딱 맞는 것이었다.

그는 '럼퍼드 난로'라는 개량 난로를 개발하여서 연기가 실내로 들어와서 생기는 귀찮고 위험하기도 한 문제를 해결하였고, 동시에 열 발생 효율도 향상시킴으로써 부와 명성도 얻었다. 매일 같이 맞닥뜨리는 골치 아픈 이 문제를 해결해준 이 사람은 18세기 유럽의 일반 서민들에게는 천재이자 구원자였다.

뮤니히의 지저분한 공작실에서 물이 끓게 되는 것을 보고, 지칠 줄 모르는 발명가인 럼퍼드는 이 놀라운 현상을 실제로 사용할 수 있는 방법을 생각하였다. "… 이상의 계산에 따르면 불이나 빛, 연소 또는 화학적 분해 없이도 말의 힘만으로 매우 많은 양의 열이 발생할 수 있으므로, 필요에 따라서는 주방에서도 이 열을 이용할 수 있을 것이다." 그러나 바로 다음 문장에서 과학자인 럼퍼드는 말을 먹이는 사료를 태우는 것이 더 간편하고 효율적이기 때문에 이 아이디어는 쓸모가 없다고 하였다. 열을 발생시키는 힘이 어떻게 해서든 귀리에서 말로, 그리고 크랭크와 기어와 굴대를 거쳐서 드릴의 날로 전달되었다는 사실을 인식하게 된 것은 훗날 반세기 후에 있을 에너지 보존 법칙의 발견을 예고하는 것이었다.

럼퍼드는 마찰열을 직접 사용하는 법을 알아내지는 못했지만, 열의 본질에 대한 (그의 말에 따르면) '심오한 사색'을 계속하였다. 그 당시에는 열은 '칼로릭caloric'이라는 이름의 보이지 않는 유체라는 현대 화학의 아버지 앙투안 라부아지에Antoine Lavoisier가 제안한 학설이 널리 퍼져 있었다. 오늘날에도 '열의 흐름'이나 '열용량' 등의 용어가 쓰이는 것으로 알 수 있듯이 열을 보이지 않는 유체라고 설명하는 것이 결코 이치에 맞지 않는 것은 아니다. 물이 아래로 흐르는 것처럼 열도 뜨거운 물체에서 찬 물체로 흐르고, 여러 가지 크기의 바구니가 있는 것처럼 물체마다 열을 저장할 수 있는 용량이 다르다. 요즘에도 전기에 대해 전류, 흐름, 용량 등의 용어를 쓰는 것에서 알 수 있듯이 전기를 유체로 이해하는 이론이 잘 정립되어 있었던 점도 열은 유체라는 이론의 타당성을 더해 주었다.

라부아지에는 1789년에 《화학원론》이라는 후세에 많은 영향을 준 교재를 출판하였는데, 여기에서 그는 33개의 기본 물질을 원소라고 기술하였다. 여기에는 칼로릭과 빛이 산소, 질소, 수소보다 먼저 나와 있다. 20년 뒤에 스웨덴의 위대한 화학자 옌스 야코브 베르셀리우스Jöns Jakob Berzelius는 물질을 일반 원소와 화합물 그리고 질량이 없으면서 보이지 않는 다섯 가지의 물질 등으로 구분하였다. 이 다섯 가지 물질은 양전기, 음전기, 자성, 빛, 칼로릭 등이다. 화학자들은 형체가 있는 물질에 익숙해 있었기 때문에, 열이 보이는 신비한 현상에 그들이 생각할 수 있는 구체성을 부여하여 유체라고 불렀던 것이다.

열의 유체이론에 따르면, 뜨거운 물체는 칼로릭을 원자들 틈새에 갖고 있다. 어린아이의 몸을 대전시키면 머리카락이 꼿꼿이 서게 되는 것을 보고서 전기의 유체는 자기들끼리 서로 밀치는 힘이 있다고 생각한 것처럼, 칼로릭도 자기들끼리 서로 밀치는 특이한 성질이 있다고 생각하였다. 칼로릭이 서로 밀치는 성질이 있으면, 물체에 열을 가했을 때 이 물체를 팽창시킬 것이라고 예상할 수 있다. 이는 실제로 거의 모든 물체에서 관찰되는 현상이다. 예를 들어, 일정량의 공기를 물의 어는 온도에서 끓는 온도로 데우면 부피가 1/3 정도 늘어난다. 마찰열은 포신의 청동이나 드릴의 강철과 같은 마찰을 하는 물체의 접촉면에서 칼로릭이 밀려 나오기 때문이라고 설명할 수 있다. 칼로릭 이론을 믿는 학자들은 마찰 면에 가해진 압력이 칼로릭을 밀어내어 칼로릭이 주변의 매질(럼퍼드의 실험에서는 물)로 나오게 되므로 매질의 온도가 올라간다고 생각하였다.

럼퍼드는 이 모든 것을 잘 알고 있었지만, 그는 다른 사람의 권위에 무조건 복종하기보다는 자신의 방식대로 생각하기를 좋아하는 사람이었다. 그는 누구보다도 열의 가치를 잘 알고 있었으며, 그가 발견한 놀라운 현상을 활용하는 법은 찾지 못하였을지라도 그 현상을 이해하기 위한 노력은 할 수 있었다. 그는 논문의 끝부분에 다음과 같이 기술하였다. "이 실험 결과를 고찰하면 우리는 자연스럽게 많은 학자들의 탐구 대상이 되었던 커다란 의문점에 이르게 된다. 즉, 열이란 무엇인가? 과연 칼로릭이라 불리는 것이 존재하는 것인가?"

그는 독자들에게 열이 무한정으로 나온다는 사실을 상기시켰다. "우리가 관찰한 바에 따르면 두 금속 표면을 마찰하면 매우 많은 양의 열이 끊임없이, 그리고 변함없이 나와서 퍼지게 된다." 선반이 회전하는 동안에는 얼마나 오래 하였는지와 상관없이 새로운 열이 계속 나오는 것이다. 관찰된 사실로 보아 금속 봉에서 나오는 열은 무한한 것처럼 보였다. 항상 열을 절약하고 보존하는 데 관심을 가졌던 그였기에 그는 이 사실을 범상치 않게 받아들였다.

마침내 럼퍼드는 간단한 결론에 도달하였다. 그럼으로써 그는 자신의 부도덕성과 개량 난로가 잊혀진 후에 다시 한번 명성을 얻을 수 있게 되었다. "절연된 물체에서 (열이) 끊임없이 나온다면, 이것은 물질일 수가 없다. 그리고 내 생각에는 이 실험에서처럼 열이 끊임없이 나오고 전달될 수 있다는 것은 열이 운동과 관련이 있다고 설명하는 것외에 다른 길은 있을 수 없다."

그는 만약에 칼로릭이 진짜로 있다면 이것은 실험 중에 일찌감치 금속에서 빠져나와야 했을 것이라고 주장하였다. 청동에 그것이 무한한 양으로 저장되었다면 대포 포신은 일찌감치 녹아버렸을 것이므로 그런 물질이 있다고 생각하기는 어렵다. 간단히 말해서 열은 물질일 수 없으므로 라부아지에의 칼로릭 이론은 틀렸다는 것이다.

열은 일종의 운동이라는 가설은 12세기부터 알려져 있었다. 이후 1600년경에 과학적 방법론의 전도사인 프랜시스 베이컨Francis Bacon은 "열은 본질적으로 운동이며 다른 것일 수 없다"라고 추측하였다. 좀 더 구체적으로 "열은 물체의 전체에 고루 퍼져 있기보다는 물체를 이루는 입자들에 있는 팽창하는 운동이며 … 끊임없이 떨고, 충격에 영향을 받는 반복적인 운동이다"라고 했다. 뉴턴과 동시대 사람이며 그의 경쟁자였던 로버트 훅Robert Hooke도 "열이란 다름아니라 물체를 이루는 입자들의 활발하고 격렬한 요동이다"라며 비슷한 의견을 갖고 있었다.

이런 선구자들이 있었기 때문에 럼퍼드가 열을 운동이라고 해석하였다는 영예를 혼자 차지할 수는 없을 것이다. 그러나 역사적 맥락에서 보면 그가 열에 관한 연구를, 열을 물질의 영역에서 다루고자 하였던 화학자의 손에서 빼내어, 보다 추상적인 개념으로 다루는 물리학자에게 가져왔다는 사실이 중요하다. 화학에서는 물질과 물질의 변환이 중요하지만, 운동은 물리학의 영역이다. 당시에는 뉴턴의 법칙이 발전하여 운동법칙이 완성되었기 때문에, 물리학은 갓 형성되기 시작한 화학 분야보다 열에 관한 연구를 할 수 있는 좋은 여건을 갖고 있었다. 이런 배경에서 열역학의 영문 이름 thermodynamics의 thermo가 그리스어로는 열을 의미하고 dynamics가 운동에 관한 연구를 의미하므로, 과학사에서는 이 둘을 결합시켜 열역학의 선구자가 된 럼퍼드의 공로를 인정하고 있다.

럼퍼드는 "열은 운동이다"라고 주장하였지만 그것으로 끝이었다. 과학사의 어느 경우에도 이렇게 중요한 선언이 이렇게 갑자기 끝난 적은 없었다. 탐구 정신은 좀 더 명료한 답을 원한다. 열이 운동이라면 운동이란 무엇이며 어디에서 어떻게 나오는 것인가? 우리가 열을 느끼는 것처럼 이 운동을 느끼거나 보거나 또는 다른 방법으로 경험할 수 있는 것인가? 그 운동은 어떻게 측정할 수 있는가? 그렇지만 럼퍼드는 답을 하기를 꺼렸다. "나는 내가 열의 본질이라고 생각되는 물체의 운동이 어떻게 생기고, 지속되고, 전달될 수 있는지 안다고 할 수 없다." "나는 순전한 추측만으로 사람들을 혼란스럽게 할 수 없다."

운동과 원자와의 관계를 알아낼 수 없었기 때문에 럼퍼드의 이론은 그것으로 마무리되어 잊혀졌다가 반세기 후에 재발견되고서야 사실로 받아들여졌다. 실제로, 모든 물체가 원자로 이루어졌다는 사실이 19세기에서야 맥스웰이 제안하고 20세기에 이르러서야 받아들여졌다는 점을 상기하기 바란다. 럼퍼드의 발견이 있은 직후에 존 돌턴John Dalton이 물질의 단위로서 원자라는 개념을 도입하였지만, 이때만 해도 이 개념은 화학 반응에서 기본 물질의 조합 비율을 추적하기 위한 도구로 사용되었을 뿐, 진정하게 실체가 있는 입자로 받아들여지지는 않았다. 19세기 동안 화학자의 원자와 물리학자의 원자는 서로 다른 개념이었다. 굳이 표현하자면, 럼퍼드는 베이컨처럼 열을 골과 마루가 있는 파도처럼, 또는 군대가 행진하는 것처럼 움직이는 파동 운동으로 생각했던 것 같다. 이런 상상은 럼퍼드의 질서 감각에는 잘 맞았겠지만, 요즘에 우리가 알고 있는 열과는 거리가 먼 것이다. 분자가 무작위적이고 불규칙하게 진동하고 있다고 보는 현대적 관점은 그의 입장에서는 받아들이기 어려웠을 것이다.

럼퍼드의 과학은 그의 정치적인 입장처럼 너무 전체주의적이고 그의 인생의 목표처럼 너무 실용주의적이어서 열의 본질을 이해할 수는 없었을 것이다. 그는 진리를 구하는 겸손한 구도자가 아니라 군대를 지휘하는 장군의 태도로 자연을 대하였다. 그는 한 친구에게 보내는 편지에서 어떻게 우연히 마찰열에 대한 연구를 하게 되었는지를 적었는데, 여기에 이런 그의 태도가 잘 나타나 있다.

> 나는 종종 내가 마술사와 같은 능력을 갖게 되면 완벽한 만족감을 느낄 수 있을 것이라 생각한다. 비록 내가 부리는 혼령이 무슨 생각을 하는지 모르더라도 말이다. 자연에 숨어 있는 힘을 찾아 끌어내서, 그 힘으로 원자를 사슬로 묶어 인간에게 복종하는 노예로 만들 때의 희열만 한 것은 없을 것이다.

마술사의 능력을 얻고 사슬에 묶인 노예를 만드는 것이 성공적인 과학으로 이끄는 좋은 목적이 될 수는 없다.

럼퍼드의 연구 동기는 진리를 찾는 것이 아니라 권력을 추구하는 것이었다. 럼퍼드가 포신을 뚫는 실험으로 칼로릭 이론을 무너뜨린 뒤 7년 후에 칼로릭 이론을 주창한 앙투안 라부아지에는 공포 정치 시대의 열성분자들에 의해 부패 혐의로 억울하게 피소되어 단두대에서 목숨을 잃었다. 럼퍼드는 과학으로 이 불행한 화학자를 꺾은 것에 만족하지 않고 파리로 옮긴 후 돈 많은 라부아지에의 미망인과 결혼하여 마지막으로 명성과 부를 얻었다.

그러나 그의 승리는 오래가지 못하였다. 결혼은 1년 만에 파경에 이르렀고, 과학계는 짧은 기간 동안이나마 열에 대한 그의 기계적 해석을 거부하였다. 19세기 초반 10년 동안에는 아직 전기학 분야의 발전이 나타나지 않은 시기라서 물리학은 화학의 발전에 가려 있었던 시기였고, 그래서 이미 오래전에 폐기됐어야 할 라부아지에의 칼로릭 이론은 아직도 대를 이어서 내려오고 있었다. 열은 운동이라는 럼퍼드의 수수께끼 같은 주장이 제대로 받아들여지기 위해서는 우리가 열역학 제1법칙이라고 부르는 '에너지는 보존된다'는 근본적인 개념에서의 혁명이 일어나야 했다.

# 2

# 세상에 공짜란 없다:
# 열역학 제1법칙의 기원

(열역학은) 자연 전체에 관한 물리 이론 중에서
절대로 뒤집힐 일이 없는 유일한 이론이다.
*—Albert Einstein*

열이 일종의 운동이고 에너지의 한 형태라는 사실이 알려지기 수 세기 전부터 여러 발명가들은 연료나 열이나 동력이 없이도 저절로 움직이는 영구기관을 꿈꾸어 왔었다. 실패의 연속이었지만, 그들은 부질없는 노력을 계속하였다. 그들이 원하는 것은 성취하지는 못하였지만, 그런 노력을 통해 그들이 상상도 하지 못하였던 보다 근본적인 것들이 발견되었다. 즉 영구적인 운동은 있을 수 없다는 실망스러운 결론을 확실하게 보여줌으로써, 그들은 훗날 에너지는 무에서 창조될 수 없다는 열역학의 첫 번째 법칙의 확고한 바탕을 마련하여서 열역학의 기초를 만든 셈이다. 역설적으로 그들이 영구 운동을 발견하지 못했다는 사실이 여러 물리학의 이론을 뒷받침하는 실험적 증거 중에서 가장 확실한 것이 된 것이다.

13세기에 살았던 배관공 빌라르 드 오네쿠르Villard de Honnecourt의 습작 노트를 보면 초기 영구기관의 하나가 설명되어 있다. 편지지 크기의 누런색 양피지 서른세 장에 닳아빠진 가죽 표지가 있는 작은 원추 모양으로 말린 이 노트에는 잉크로 그려진 기하학적 구성, 조각, 건축물의 세부 도면, 잠수 기구, 교회 마루의 설계도, 사람과 동물에 대한 정밀화 등이 뒤죽박죽 섞여 있다. 일곱 세기 반 동안 방치되고 도난 사고도 있었지만, 놀랍게도 이 책자의 상당 부분은 그대로 보존되어서 지금은 파리의 국립도서관 저장소에 보관되어 있다.

처음 여덟 쪽까지는 십자가, 여러 사도의 좌상, 교회 조각상의 그림 등 종교적인 내용이 들어 있다. 그리고 그 다음에 놀라운 내용이 등장한다. 앞면에는 화려한 의상을 입은 종교적 인물들의 군상을 나타내는 조각 그림이 매우 정교하게 그려져 있고, 다음 면에는 전체 면에 수직으로 서 있는 나무 바퀴와 이를 받치고 있는 꺾인 기둥이 거칠게 묘사되어 있다. 이 바퀴에는 망치 일곱 개가 바깥쪽으로 달려 있다. 망치는 손잡이가 못으로 고정되어 있어서 위아래로 움직일 수 있게 되어 있다. 빌라르가 정성스럽게 고딕체로 쓴 설명문에는 "많은 기술자들이 스스로 회전할 수 있는 바퀴를 고안하였다. 여기에 있는 그림은 홀수 개의 나무망치 또는 수은으로 작동하는 하나의 예를 나타내었다"라고 씌어 있다.

이 기구는 또 하나의 실패한 영구기관이 되겠지만, 항상 바퀴의 한쪽에 망치 네 개가 놓이도록 되어 있어서 다른 쪽에 있는 망치 세 개보다 무게가 더 나가서 바퀴를 영구적으로 회전시킬 수 있도록 고안되었다. 망치가 꼭대기로 가면 저절로 젖혀져서 내려가는 쪽에 무게를 실어주게 된다. (수은을 이용하는 방법은 이 망치를 절묘하게 설계된 수은 용기로 바꿔서 바퀴가 회전하는 동안 수은이 앞뒤로 움직이도록 하는 것으로, 이와 같은 주제를 다룬 후세의 문헌에 종종 그림으로 소개되었다.) 그러나 실제로는 이런 바퀴는 설사 회전을 시작하더라도 곧 마찰로 에너지를 잃게 되어서 속도가 점점 줄다가 정지하게 된다.

이 그림의 설명문이 평이한 어조로 씌어 있는 것으로 보아 빌라르가 영구기관에 특별한 관심을 가졌던 것은 아닌 것 같으며, 그가 영구기관을 고안해냈다고 주장하는 것도 아닌 것 같다. 그는 두 세기 뒤에 꼭 같은 장치를 훨씬 더 정교하게 그렸던 레오나르도 다 빈치와 같은 창의적인 천재라기보다는 아이디어를 수집하고 기록하는 데 더 관심이 많았던 사람이었다. 이 설명문의 내용으로 보아서 13세기에도 오늘날과 마찬가지로 영구기관에 대한 관심이 적지 않았다는 것을 알 수 있다. 뿐만 아니라 그 후에도 집요한 발명가들이 대를 이어서 꼭 같은 설계의 영구기관을 발명하였다. 그리고 새로운 기관이 실패할 때마다 사소한 기술적인 문제를 이유로 대며, 이것이 곧 해결될 것이라고 둘러대곤 했다. 공학을 잘 알았던 다 빈치는 연금술사들이 납을 금으로 바꿀 수 있다고 믿었던 현자의 돌과 함께 영구기관을 가치 없는 것이라고 비판하였지만, 사람들은 우둔하다고 할 정도로 참으로 오랫동안 영구기관을 추구해 왔다.

영구기관을 만들고자 하는 노력이 계속된 이유는 그에 대한 수학적 반증이 없었기 때문이다. 어떤 과학적 주장이 잘못된 것이라면 그에 대한 단 하나의 반증으로 그것이 틀렸다는 것을 입증할 수 있다. 그러나 그 주장이 맞는 것이라면 실험적으로 확인하거나 수학적으로 증명을 한다 해도 그 주장이 항상 맞는다고는 할 수 없다. 사과가 나무에서 떨어진다는 사실만으로는 사과가 항상 떨어진다고 할 수는 없는 것이다.

그러나 영구기관을 찾고자 하는 사람의 진정한 동기의 바탕에는 엄밀한 논리만 있는 것은 아니다. 그것은 근래에도 저온 핵융합이라고 하여 금속에서 에너지를 뽑아낼 수 있다는 황당한 주장이 제기되었던 것과 같은 것이다. 무한한 에너지원을 찾게 된다면 그 보상은 엄청날 것이기 때문에 판단이 흐려지는 것이다. 만약 빌라르의 바퀴나 저온 핵융합이 제대로 작동하게 된다면 가난은 퇴치될 것이고 세상은 상상하기 어려운 방향으로 바뀌게 될 것이다. 이런 꿈같은 일이 가능할 수 있다고 믿는 사람이 있기에 낙담하고 절망하고 조롱을 받으면서까지도 영구기관을 추구하는 사람이 있다는 것이 놀라운 일은 아닐 것이다.

영구기관을 추구하는 자의 논리는 철학자 블래스 파스칼이 말한 신을 믿는 이유와 비슷하다. 즉 맞을 확률은 낮을 수 있지만, 맞게 되면 그 보상은 무한한 것이다. 파스칼은 노력에 비하여 보상이 크기 때문에, 이를 따르지 않는 것이 오히려 비합리적이라고 말했다. 영구기관을 찾는 이유도 같은 논리이다.

빌라르의 보기 흉한 바퀴를 보고 있노라면, 파스칼의 논리가 유혹의 손으로 우리를 감싸고 이성을 마비시킨다. 우리는 꿈속으로 빨려든다. '정말로 그렇게 된다면 얼마나 좋을까?' '만약 물리학자들이 (열역학) 법칙에서 작은 허점이나 불완전한 점 같은 무언가를 빠뜨렸다면 어떤 일이 벌어질까?' '어떠한 이론이라도 조금씩 바뀌게 되고 영원히 맞는 것은 없는데 혹시 이 이론도 그런 것은 아닐까?' '진짜로 사람들이 그 일을 제대로 해봤을까?' 따각 따각 따각… 서서히 바퀴가 돌기 시작한다. 망치가 하나씩 젖혀져서 바퀴 둘레를 치면서 내려올 때마다 육중하게 삐그덕 소리가 난다. 점점 속도가 붙어 돌아가는 바큇살 너머로 무한한 에너지의 꿈이 조금씩 보이기 시작한다.

그때, 이성이 다시 말한다. 우리는 학교에서 배웠던 주문—'에너지 보존 법칙에 따라서 에너지는 창조되거나 소멸될 수 없다'—을 중얼거린다. 냉정하고 무신경한 과학이 황금시대의 꿈을 깨버린다. 열역학 제1법칙이 무지막지하게 우리를 잠에서 깨워버린다.

아직 잠이 덜 깬 채로 우리는 빌라르의 그림을 응시한다. 이 바퀴를 세우는 그 법칙이란 게 도대체 무엇인가? 그것은 어디에서 오는 걸까? 누가 만들었나? 무척 확고하다는 점에서 그것은 나무에서 사과를 떨어뜨리는 만유인력의 법칙과 비슷하지만, 거기에는 여전히 불확실한 점이 있다. 3세기 전에 아이작 뉴턴은 지구와 사과 사이에 아무것도 없는데 지구가 나무에 달린 사과를 잡아당긴다는 것은 이치에 맞지 않는다고 생각했다. 그래서 그는 그의 법칙이 일반 상식에 맞지 않는다는 것을 알고 중력의 근본적인 원인을 찾고자 노력하였으나 실패하였다. 그런 면에서 보면, 에너지 보존 법칙이 중력 법칙보다 더 확고하지 않은가?

에너지 보존 법칙은 피타고라스의 정리와 같이 수학적으로 규명된 진실이라기보다는 인류 문명의 전체 역사를 통하여 쌓인 방대한 양의 경험을 요약한 것이다. 어떤 면에서 보면, 이것 덕분에 인류 문명이 유지될 수 있었다. 우리가 자연의 법칙을 속이고 마침내 바퀴를 돌리는 방법을 알아내어서 무에서 에너지를 창조할 수 있다고 생각해보자. 베어링의 마찰을 줄여서 약간의 잉여의 힘을 얻어내고 이것으로 모터를 돌릴 수 있을 것이다. 그렇지만 열역학 제1법칙의 나머지 부분은 그대로 남아서 에너지가 한 번 창조되면 다른 형태로 바뀔 수는 있지만 사라지지는 않는다고 가정해보자.

바퀴에서 나온 에너지는 쌓여서 마치 서툰 마법사가 요술을 부려서 움직이게 만든 빗자루처럼 우리 주변을 떠돌게 될 것이다. 바퀴를 돌려서 전기를 만들어낸다면, 바퀴의 운동은 전기에너지로 변환되고, 어떻게 사용하느냐에 따라서 이것은 다시 열이나 빛에너지 또는 다시 운동으로 바뀌게 될 것이다. 이 세상의 모든 집마다 빌라르의 바퀴를 뒷마당에 세워 냉난방과 조명을 하고, 세탁과 요리와 가전제품에 사용하고, 모든 공장은 더 큰 바퀴를 세워서 현대 문명이 펑펑 써대는 온갖 것을 만들어내도 새로이 만들어진 에너지는 소멸되지 않을 것이다.

운동은 마찰을 통해서 열을 만들어낸다. 태양 빛이 벽돌에 내리쬐면 벽돌이 데워지듯이 빛은 물질에 흡수되어 열로 바뀐다. 소리는 공기를 통해 전파되면서 만나는 분자를 흔들어서 덥히고는 사라진다. 전기는 저항을 만나게 되어 지나가는 도선을 데운다. 음식은 소화되고 체온으로 바뀐다. 모든 종류의 에너지는 따로 저장하지 않으면 수없이 많은 변환을 겪으면서 궁극적으로는 열로 바뀌고 지구를 데우게 된다. 그렇게 되면 지구상의 모든 인간의 끝없는 에너지에 대한 욕구가 충족되기도 전에 지구는 인간이 만들어내는 열로 뒤덮여 자연의 에너지 균형이 깨지게 될 것이다. 그 결과 지구 온난화는 가속화되고, 바다는 열로 팽창하고, 극지방 얼음이 녹아서 해수면이 크게 상승하는 등 상상할 수 없는 고통이 뒤따르게 되어서 무한 에너지로 보장받을 것 같았던 낙원과는 반대로 지옥 같은 세상이 될 것이다.

이런 관점에서 보면, 우리는 빌라르의 바퀴가 실패로 돌아간 것에 대해 감사하고, 열역학 제1법칙을 보다 긍정적인 면에서 보아야 할 것이다. 처음에는 영구기관의 꿈을 무참히도 깨뜨려서 원망하였지만, 이제 이 법칙을 자연의 균형을 맞춰주는 감시자로, 다시 말해 무한정 에너지를 생산해서 얻게 되는 대재앙으로부터 우리를 구해주는 구원자로 보아야 할 것이다. 에너지가 우리의 생명현상에 매우 다양한 방식으로 관여한다는 것을 생각하면 인간의 법칙은 열역학 법칙에 비해 보잘것없어 보인다.

열역학 법칙의 바탕에는 영구적인 운동은 불가능하다는 사실이 자리 잡고 있다. 소용돌이쳤던 열에 대한 과학의 역사에서, 마치 경험의 토대 위에 모든 이론이 건축물처럼 올라서 있듯이, 우리는 이런 사실을 직접 또는 간접적으로 계속 만나게 된다. 수없이 많은 발명가들이 영구기관을 찾는 노력이 수포로 돌아가 낙담하게 되었지만, 한 작은 독일 소년에게는 이것이 중대한 발견을 하게 되는 힘이 되었다.

맥스웰의 도깨비: 열과 시간의 비밀

# 3

# 영혼을 찾아서: 열역학 제1법칙의 발견

중요한 것은 현대 물리학에서 우리가 에너지에 대해 아는 것이 없다는 것이다. … 에너지란 관념적인 것이다 …

*–Richard Feynman*

에너지 보존법칙—열역학 제1법칙—이 과학과 기술을 성립시키는 원리 중에서, 따라서 간접적으로는 모든 산업을 구성하는 원리 중에서 중심적인 역할을 하는 것을 생각하면, 왜 이 법칙을 고안한 사람의 이름을 따서 부르지 않는지 의아스러울 것이다. 뉴턴의 역학 법칙과 맥스웰의 전자기 방정식 등은 발견한 사람의 이름을 생생하게 보존하고 있는데, 그렇다면 누군가는 열의 과학의 기초 원리를 세운 영예를 가져야 하지 않을까?

이렇게 된 이유는 에너지 보존 법칙이 동시다발적으로 발견되었기 때문이다. 《과학 혁명의 구조》라는 기념비적인 책으로 한 세대의 과학사학자들에게 영향을 미쳤던 토마스 쿤Thomas Kuhn에 따르면 1830년부터 1850년 사이에 최소한 열두 사람이 독자적으로 오늘날의 에너지 보존 법칙과 비슷한 제안을 하였다고 한다. (그러나 럼퍼드 백작은 열역학 제1법칙을 생각하기는 하였지만 서술하지는 않았기 때문에 여기에서 빠지게 되었다. 말하자면 그는 열역학의 예언자인 셈이다.)

실제로 발견한 사람 중에서 가장 중요한 사람은 럼퍼드가 사망한 1814년에 남부 독일의 하일브론이라는 도시에서 태어난 독일인 내과의사 로베르트 율리우스 마이어Robert Julius Mayer이다. 그는 열 살 때 영구기관을 만들려고 시도한 적이 있었다. 이를 위해서 그는 동네 개울에 작은 수차를 설치하고, 여러 개의 기어를 연결하여 수차의 동력을 증폭시키고자 하였다. 이 장치로 그는 작은 바퀴의 힘을 보강해서 큰 기계 장치를 움직이려 한 것이다. 외부 동력이 전혀 없는 빌라르의 장치와는 달리 마이어의 장치는 아주 작은 힘을 이용하고 그 힘을 증폭시키려 한 것이었지만, 무에서 에너지를 창조하겠다는 의도는 둘 다 같았다. 이 계획은 실패하였고 그는 역학의 원리에 관하여 평생 잊지 못할 교훈을 얻게 되었다.

불행하게도 마이어는 대학 시절에 의학을 전공하면서 물리학은 한 학기도 배우지 않았다. 의사 자격시험에 합격한 후, 그는 신비스러운 동양을 동경하던 어릴 적의 꿈을 좇아, 아버지의 반대를 무릅쓰고, 1840년 2월에 네덜란드의 식민지인 동인도 제도를 향해 로테르담을 떠나는 상선 자바호의 선의가 되었다. 그는 선원 스물여덟 명의 건강관리를 맡았기 때문에 많은 여가 시간을 가질 수 있었고, 그 시간에 그는 갖고 온 책에서 생리학을, 그중에서도 혈액에 관련된 주제에 관한 내용을 공부하였다.

3개월간의 항해 끝에 찾아온 우연한 기회에 했던 관찰이 그를 과학자로서 명성을 쌓을 수 있는 길로 인도하였다.

> … 우리가 (인도네시아 수도 자카르타 근처에 있는) 바타비안로路에 도착한 지 며칠 후에 급성 전염성 폐질환이 퍼졌다. 환자들에게 방혈 시술을 하면서 관찰해보니 팔의 정맥에서 나오는 피의 색깔이 유난히 붉어서 색깔로만 봐서는 내가 정맥이 아니라 동맥을 건드린 것으로 착각할 정도였다.

그리곤 놀라울 만한 수준의 지적 추론을 통해서, 마이어는 사소한 의학적 현상에서부터 전혀 연관성이 없어 보이는, 그렇지만 궁극적으로는 자연의 가장 심오한 법칙으로 인정받게 되는, 물리학의 원리를 도출하였다.

우리는 비좁은 오두막집의 희미한 촛불 속에서 주변에 쌓인 책과 종이 위에 땀을 뚝뚝 흘리며 정신노동의 고통을 겪으면서 쭈그리고 있는 그를 상상할 수 있다. 배는 항구에 묶여 있고, 선원들은 모두 육지로 나가 있어서 뱃전을 때리는 조용한 파도 소리만이 적막을 깨뜨리는 그곳에서 마이어는 수도사나 죄수처럼 보였을 것이다. 얇은 테 안경을 쓴 그는 잘 다듬어진 턱수염 때문에 자신의 나이인 스물여섯보다 더 나이 들어 보이는 진지한 청년이었다. 그는 집중할 때면 커다란 입꼬리를 아래로 내려뜨리고, 숱 많은 눈썹을 찡그리곤 했다. 한 세기 반 전에 있었던 이 열대지방 여행에서 무엇이 그의 마음을 사로잡았을까?

우선, 마이어의 이 지적 탐구는 어떻게 시작되었을까? 우연하게도, 2년 전 그가 슈투트가르트에서 쳤던 의사 자격시험의 네 번째 문제가 “지속적으로 덥고 습한 기후가 사람의 건강 상태에 주는 영향은 무엇인가?"였다. 놀랍게도 마이어의 답안지가 아직도 남아 있는데, 여기에는 "… 혈액의 탄소 농도가 높아져서 혈액의 색은 어두워지며, 붉은색 혈액과 검붉은 색 혈액의 차이가 적어진다"라고 씌어 있다. 이런 역사적 자료의 놀라운 증언을 통해서 우리는 마이어가 왜 붉은 피를 보고 그토록 놀라며 온통 그 일에 집중하게 되었는지 알게 된다. 그가 관찰한 것은 그가 예상했던 것과 정반대였던 것이다.

의과대학에서 배웠던 피의 색깔에 대한 설명이 틀렸다고 판단하고, 그는 거의 잊혀져버린 오래된 이론에 따라 생각하게 되었다. 18세기 앙투안 라부아지에의 동물의 체온에 대한 이론에 따르면, 몸은 음식에서 오는 탄소의 산화 또는 연소반응으로 데워지고, 이로 인해 심장에서 오는 동맥의 붉은 피는 이산화탄소라는 재를 폐로 옮기는 검붉은 색의 정맥피가 된다. 마이어는 열대지방에서는 몸에서 나오는 열이 적기 때문에 연소반응 역시 적게 일어나서 재의 양이 줄어들게 되므로 정맥피는 신선한 동맥피와 같은 붉은색을 띠게 되는 것이라는 주장을 폈다. 이것으로 그의 관찰은 설명될 수 있었다. 하지만 그가 여기에서 멈췄다면 마이어의 이름은 생리학의 역사에서 각주 정도로만 남게 되었을 것이다.

그러나 그는 거기에서 멈추지 않았다. 실제로 그는 이 문제에 너무 골몰한 나머지 이 여행의 원래 목적이었던 관광은 뒷전이 되어버렸다.

> 나는 … 멀리 밖에 있는 세상은 거의 돌아보지 않고, 대신 방해받

> 지 않고 있을 수 있는 배에 남았다. 거기에서 나는 몇 시간씩 영감을 얻게 되었는데, 이런 경험은 그 이전에도 그 이후에도 겪어보지 못한 것이다. 몇 가지 직관이 내 머리를 스쳤고 그것들을 열심히 탐구하는 과정에서 새로운 주제들을 만나게 되었다.

갑작스럽게 떠오른 직관을 열심히 추구하는 것이야말로 천재를 몽상가와 구분하는 것이다.

마이어는 몸이 열을 내는 것 말고도 기계적인 일을 한다는 것을 깨달았다. 그는 어렸을 때 물레방아를 통해 일은 무에서 창조되지는 않는다는 것을 배웠던 경험을 떠올리면서, 이 두 기능을 서로 연결 지어서 몸속에서 일어나는 연소반응이 열과 일을 만들어내는 것이라고 결론지었다. 그는 운동도 마찰을 통하여 열을 만들고, 이 열은 연소에서 나오는 열과 뒤섞이게 된다는 것을 깨달았다. 이 모든 것을 종합하면, 몸속에서 일어나는 화학 반응으로 운동과 일과 열이 발생하는 것이고, 이들은 하나에서 다른 하나로 전환이 가능하다는 것이다. 이런 점에서 몸은 탄소를 태워서 운동과 일과 열을 만들어내는 증기기관과 비슷하다고 생각하면서 그의 관심은 생리학에서 물리학으로 바뀌게 되었다. 그는 대학 시절에 이 주제에 더 많은 관심을 기울이지 않았던 것을 후회하였을 것이다.

운동과 열은 서로 전환이 가능하다는 생각으로 마이어는 럼퍼드의 이론을 재발견하였다. 그러나 마이어는 열대지방을 떠나기 전부터 결정적인 세부 사항 하나가 빠졌다는 것을 알고 있었다. 이 모든 것이 정량적으로 설명할 수 없다면 쓸모없는 것이 되고 만다.

그는 “가정으로 가득 찬 값비싼 도서관보다 단 하나의 숫자가 더 중요하고 영구적인 가치를 갖는다”라고 말했다. 특히 오늘날 ‘열의 일 해당량’이라고 불리는 양(정해진 양의 일로부터 얻을 수 있는 열의 양)이 가장 핵심적인 것이라고 지적하였다. 이 이상한 이름으로 불리는 양은 열에서 일로 또는 일에서 열로의 변환을 설명하는 수치이다. 이것은 달걀 값과 비슷한 것으로 생각할 수 있다. 달걀 몇 개에 몇 원 또는 몇 원에 달걀 몇 개 하는 식이다. 열의 일 해당량은 열을 만들기 위해 치러야 하는 값, 즉 일이다. 마이어는 럼퍼드가 드릴로 얻은 열은 측정했지만, 이 등식의 다른 한 쪽(즉, 말이 한 일의 양)은 측정할 수 있는 방법이 없다는 것을 알고 있었다. 마이어는 열의 일 해당량을 숫자로 알아내는 것이야말로 가장 중요한 일이라고 생각했다.

운동과 열의 상호 변환에 대한 혼동스러운 여러 가지 생각과 이 과정을 어떻게 해서든 정량화시켜야겠다는 결심을 갖고 마이어는 하일브론으로 돌아와서 의사가 되었으나, 그는 아직까지 열역학 제1법칙을 발견하지 못한 채였다. 실험가였다면 직접 열의 일 해당량을 측정하는 일에 착수하였겠지만, 이론가인 마이어는 논리력과 간간이 반짝이는 통찰만으로 이 문제에 골몰하였다. 그는 기념비적인 통찰을 얻고자 고통스러운 노력을 계속하였다.

점차 목표에 접근하면서 마이어는 전에 배웠던 화학 공부를 상기하였다. 동물의 체온에 대한 라부아지에의 이론을 이미 알고 있었기 때문에 그는 이 위대한 화학자가 이룬 가장 중요한 업적인 질량 보존의 법칙을 떠올렸다. 화학 반응을 하는 동안 물질의 전체 질량은 변하지 않는다. 새로운 원자의 조합이 생기고 반응물의 형태가 완전히 변하더라도 기본으로 있는 물질은 변하지 않는다. 물질은 창조되거나 소멸되지 않는다. 마이어는, 열을 칼로릭이라는 이름의 실체를 갖는 원소 중의 하나로 생각했던 라부아지에의 초보적인 생각과는 다르지만, 분명 비슷하게 불변적인 것이 열과 관련해서도 있을 것이라 생각했다. 그는 탄소와 산소의 화학 결합에도 있으면서 어떨 때는 운동으로, 어떨 때는 일로, 또 어떨 때는 열로 나타나는 이 신비한 것의 본질을 알아내고자 하였다.

나중에 그는 물질을 움직이는 능력을 힘이라고 불렀다. 우리는 이것을 에너지라고 하지만, 어느 쪽이라도 그것이 무엇인지 설명하는 데 도움을 주지는 못한다. 마이어에게는 힘의 본질이 과학적 의미에서 그 값보다 훨씬 중요했다. 그가 일생을 걸고, 어떤 면에서는 그의 인격까지도 걸고, 에너지 보존 법칙을 퍼뜨리게 된 바탕에는 이 법칙이 갖고 있는 종교적 의미가 있다. 이 법칙은 그가 혐오하는 유물론에 대해 그가 주는 답이었다. 이런 믿음은 그가 남은 연구를 수행하는 동안 그의 사고를 추진하는 힘이었다.

유물론에서는 물질과 분리된 정신과 영혼의 존재를 부정한다. 이 관점에 따르면 이 세상은 오직 진공을 떠도는 생명력이 없는 물질적 개체로만 이루어져 있다. B.C. 400년 데모크리투스는 이것을 원자라고 불렀고, 오늘날의 우리는 소립자라고 부를 수 있을 것이다. 로마 시대의 시인 루크레티우스는 《사물의 본질에 관하여》라는 원자론을 설명하는 서정적이고 웅장한 글에서 유물론과 원자론을 무신론과 같은 것으로 오해하고 미신과 종교를 통렬하게 비판하였다. 신앙심이 깊은 마이어에게 이것은 매우 불쾌한 일이었다. 그는 발밑의 흙에도 허용된 물질적 실체를 영혼에도 부여할 수 있기를 갈망했다.

유물론을 가장 과학적으로 나타낸 것이 라부아지에의 법칙이다. 이 법칙은 물질에 일종의 영구불변성을 부여하였기 때문이다. 그러나 물질이라고 생각할 수 없는 중력, 전기, 자력 등도 유물론에 포함된다. 이것들은 독립적인 실체는 없고 단지 물질의 성질이라고 설명된다.

마이어는 아직 완성되지 않은 그의 에너지에 대한 관념을 유물론에 대항하는 무기로 만들었다. 여기 물질을 뛰어넘는 무언가가 있다. 형체는 갖고 있지 않지만 실제로 존재하고 무게가 없는 새로운 실재이다. 질량과의 대비를 하면서 에너지 역시 소멸될 수 없지만 변형이 가능하다는 것을 깨닫게 되자, 그는 이 대비를 비천한 물질세계에서 정신적인 세계로, 육체에서 영혼으로 이끄는 디딤돌로 받아들였다. 자바 여행으로부터 4반세기가 지난 후에, 자신의 세계관을 완성시켜 정립한 후, 그는 자신의 믿음을 세상은 물질과 에너지와 영혼의 세 가지의 항구적인 것으로 구성되어 있다는 말로 표현하였다. 물질이 아니면서 영구불변하는 영혼이 있다는 굳건한 믿음에서부터 비물질적인 에너지의 존재와 에너지가 보존된다는 개념이 마이어의 마음속에서 자라났다.

고향으로 돌아온 후 6개월 뒤인 1841년 6월 마이어는 학술지에 자신의 생각을 담은 논문 원고를 보냈지만, 편집자는 이것을 묵살하였다. 그의 글의 논법은 과학적이라기보다는 철학적이었고,

물리학적으로 문제가 많았으며, 실험과 관찰의 결과가 없었던 것이다. 특히, 이 논문에는 정량적인 것이 없었다. 마이어는 열의 일해당량에 대해 언급조차 안했던 것이다. 이 논문이 거절되자 마이어는 자극을 받고 이에 대한 행동을 취했다. 그는 곧 물리학적 서술을 보강해서 9개월 후엔 훨씬 개선된 논문을 보냈다. 이 논문은 1842년 5월 31일 그의 결혼식 날 발표되었다. 젊은 의사의 일생에서 최고의 시점이었다.

두 번째 논문도 경험적 증거보다는 철학적 추론에 더 많이 의존했고, 수학적으로도 틀린 곳이 많았지만, 이 논문은 마이어의 사고가 빠르게 성숙해 갔음을 잘 보여주고 있다. 그는 자신이 추정한 열의 일 해당량의 값을 숫자로 보여주기도 하였다. 이 논문의 주된 결론은 "힘(에너지)은 소멸되지 않고 변환 가능하면서 무게가 없는 실재"라는 것으로 에너지는 소멸된 양보다 더 많이 창조될 수 없다는 것을 빼먹은 것 말고는 오늘날 쓰는 에너지 보존 법칙의 설명과 거의 비슷하다.

과학사에서 마이어가 한 기여의 중요성에 대한 논쟁이 한 세기 반 동안 격렬했었지만, 그를 심하게 비평하는 사람조차도 그가 열의 일 해당량을 확립하는 데 중요한 역할을 했다는 사실은 인정한다. 클리포드 트루스델은 "열과 일이 서로 변환될 수 있다는 생각이 실제로 활용될 수 있도록 한 첫 번째 시도에서, 열역학의 여신은 희극적이기도 하고 비극적이기도 해서 자신이 거느린 멍청한 종들 중에서 가장 멍청한 자를 선택하였다. 로베르트 마이어가 바로 그 자이다"라며 혹평했다.

혁명적인 내용을 담은 마이어의 논문에 대해 당시 사람들은 아무런 반응을 보이지 않았다. 그가 독일 물리학계의 밖에 있어서 그의 주장을 옹호할 만한 사람이 없었기 때문에, 학회나 강연이나 공동 연구나 서신 등의 일반적인 방법으로 그를 알릴 길이 없었던 것이다. 그가 논문을 발표한 《화학과 약학 연보》 역시 물리학자들이 보는 학술지가 아니었다. 마이어에 대해 들은 적이 있는 몇몇 콧대 높은 물리학자들은 이 감정조절을 잘 못하는 의사의 세련되지 못한 태도와 사투리를 갖고 웃음거리로 만들 정도였다. 그러나 가장 치명적인 점은 그가 논문에서 물리학, 화학, 생리학, 의학을 묶는 포괄적인 원리를 도출하였지만, 검증 가능한 어떤 형태의 예측을 하나도 하지 않았다는 것이다. 분명히 그는 열의 일 해당량에 대한 계산치를 보여주었지만, 다른 것과 비교될 수 없는 숫자라면 그것은 아무런 쓸모가 없는 것이다. 그는 차라리 달이 치즈로 만들어졌다고 추론하고 그 치즈 값을 계산하는 것이 더 나았을지도 모른다. 누가 상관하겠는가?

자존심이 강하고 예민한 마이어는 자신의 발견이 일찌감치 인정받기를 기대하였기 때문에, 이런 반응에 심하게 상처를 받았다. 게다가 3년 동안 그의 아들 하나와 두 딸이 세 살이 되기 전에 병을 얻어 죽는 불행이 뒤따랐다. 이런 일들이 복합되어 파괴적인 결과를 낳았다. 1850년 불면증에 시달리던 마이어는 10미터 높이의 3층 창문에서 투신자살을 시도하였다. 다행히 죽지는 않았지만, 그 일로 얻은 부상은 정신적으로 피폐한 그의 상황을 더욱 악화시켰다. 그는 이후 줄곧 자의 반 타의 반으로 병원에 갇혀서 지내야

했고, 어떤 경우에는 미친 사람에게 입히는 구속복을 입어야 했다. 그는 과학계에서 잊혀졌다. 1863년 포겐도르프가 집필한《과학사 사전》이라는 권위 있는 책자에는 마이어가 이미 정신병원에서 사망했다고 잘못 기술될 정도였다.

그렇지만 결국에 가서는 그의 인간적인 장애를 넘어, 학계가 그의 업적을 인정하게 되었다. 1878년 결핵으로 그가 예순셋의 일기로 세상을 뜨기 전까지, 그는 몇 개의 명예 학위를 수여하였고, 몇 개의 학회에서 회원으로 받아들여졌으며, 작위와 함께 영국에서 수여하는 최상의 영예인 런던 왕립학회의 코플리 메달을 수상했다. 그보다 중요한 것은 그가 지구 다른 한쪽의 무더운 선실에 앉아 얻었던 뒤엉킨 영감들이 물리학의 가장 근본적인 법칙으로 정립되었다는 사실이다.

# 4

# 흐르는 물과 폭포수: 열의 일 해당량의 측정

모든 물리학 실험실엔 '측정을 통한 지식'이라는 표어를 붙여야 한다.

—*Heike Kameringh Onnes*

사변적인 내과 의사 로베르트 마이어가 얼마 안 되는 증거로부터 심오하고 보편적인 결론을 이끌어 내는 동안, 실질적인 영국의 양조업자 제임스 프레스콧 줄James Prescott Joule은 정반대의 길로 가고 있었다. 그는, 마이어의 작업에 대해서 알지 못한 상태에서 마이어와 비슷한 시기에, 철저하고 공들인 실험을 통하여 에너지 보존 법칙을 발견하였다. 그에게 과학 연구란 측정이지 추론이 아니었다.

줄이 얼마나 심하게 정밀한 측정에 집착하였는지는 뒤에 나올 맥스웰의 도깨비의 대부격인 윌리엄 톰슨, 즉 켈빈 경이 들려준 일화에서 잘 드러난다. 그들은 옥스퍼드의 어느 학회에서 처음 만났는데, 여기에서 줄은 기계적 에너지가 열로 변환된다는 의견을 발표하였다. 청중은 별로 감동을 받지 못했지만, 이미 스물세 살에 교수가 되었고 줄보다는 일곱 살 젊은 톰슨은 이 연장자의 일이 매우 중요하다는 것을 이해했다. 그리해서 줄은 마이어와는 달리 시작부터 든든한 원군을 얻게 되었다. 두 달 후인 1847년 8월 톰슨은 유럽으로 장기간 여행을 떠났다. 어느 날 오후에 프랑스와 스위스 접경 지역에서 몽블랑 주변의 길을 걷다가, 톰슨은 반대쪽에서 오고 있는 신혼여행 중인 줄과 그의 부인을 만나게 되었다. 그 훌륭한 신사가 하고 있던 일이 무엇인지 상상이나 할 수 있겠는가? 톰슨이 전하기를, 줄은 길고 가는 수은 온도계를 갖고 폭포 아랫부분의 수온이 올라갔는가를 측정해서 에너지 보존 법칙에서 예측되는 것을 확인하려던 참이었다. 제임스 줄 같이 의지가 굳은 사람에게는 신혼여행 중이라도 연구에서 한눈파는 일은 있을 수 없는 것이다.

이 온도계에 관한 일화는 신빙성이 없지만, 이 둘이 우연히 만난 것은 사실이었고, 폭포수의 운동이 열로 변하여 측정할 수 있을 만큼 수온이 올라가는 것도 충분히 있을 수 있는 일이다. 폭포가 높으면 높을수록 온도는 더 높아질 것이다. (물이 계곡 바닥에 부딪히면, 물의 전체 에너지는 변하지 않지만, 물 분자가 모두 아래 방향으로 움직이다가 무질서하고 무작위하게 움직이게 된다.) 이 일화가 사실이건 아니건, 이 이야기는 줄이 에너지 보존 법칙의 증거를 찾기 위해 끊임없이 노력하였다는 것을 말하고 있다.

제임스 줄은 마이어가 태어난 지 4년 뒤인 1818년 성탄절 전날 맨체스터에서 양조업자의 아들로 태어나서 나중에 가업을 잇게 된다. 아버지는 매우 부유하여 하인을 여섯이나 부렸다. 줄은 십 대였을 때부터 가업을 돕기 시작하여 매일같이 아침 아홉 시부터 저녁 여섯 시까지 20년 넘게 그 일을 하였다. 그는 화학의 원자론을 성립시킨 존 돌턴에게서 가정 교습을 받으면서 과학에 빠져들게 되어, 집과 양조장에서 공부를 하였다. 맥주 만드는 일과 열역학 제1법칙이 직접적인 연관은 없지만, 양조장에서 얻은 경험이 그의 과학 탐구에 영향을 주었던 것은 분명하다.

맨체스터는 훗날 프리드리히 엥겔스가 산업혁명이라는 용어를 만드는 데 영향을 주었던 곳으로 증기기관이 주 동력원으로 사용되었다. 그러나 줄이 성장하던 1830년대의 과학자들은 다른 동력원으로서 전기 모터에 희망을 걸고 있었다. 이 젊은이가 그 방향으로 관심을 옮긴 것은 놀랄 만한 일은 아니었다. 보다 효율이 높은 모터를 개발하려고 하던 중에 줄은 전기가 흐르면 항상 열이 나온다는 것을 알게 되어서, 이 현상을 정량적으로 규명하기로 마음먹었다. 이 열은 모터나 전깃줄에서는 주변 온도를 높이며 쓸모없이 버려지지만 전기온수기나 전기히터에는 유용하게 사용된다. 1840년 스물두 살의 나이에 줄은 오늘날 그의 이름으로 불리는 전류량과 열량의 관계에 대한 법칙을 발표할 수 있었다.

전기의 사용에서 시작하여 발생까지 거꾸로 추적하면서 줄은 모터에서 발전기로 관심을 옮기게 되었다. 증기나 물이나 심지어 사람의 팔 등 어느 것으로 작동시키든 발전기는 기계적 힘을 전기로 바꾼다. 전류는 다시 열을 발생시킬 수 있으므로 줄은 기계적 일을 열로 바꾸는 방법을 생각할 수 있었고, 더 나아가 열의 일 해당량을 결정하는 방법을 생각해낼 수 있었다.

마이어도 강조하였듯이, 열의 일 해당량이야말로 열역학 제1

법칙의 요체이다. 그것은 단위 열을 생산하기 위해 필요한 변함없이 일정한 기계적 일의 양, 즉 에너지 단위로 표시되는 열의 값이다. 이 수치 없이 에너지 보존 법칙을 논하는 것은 맥주 한 잔의 값도 모르면서 양조업의 경제학 논문을 쓰는 것과 마찬가지로 탁상공론일 뿐이다. 줄은 그런 류의 작업은 의미가 없다는 것을 너무 잘 알고 있었다.

발전기를 이용하여 열의 일 해당량을 처음으로 측정하고 나서 줄은 자신의 발견을 보다 일반화시키고자 하였다. "신의 뜻에 따라 저 자연의 웅대한 대리자는 파괴될 수 없고, 기계적 힘이 사용될 때마다 언제나 동등한 양의 열이 나온다는 사실을 확인하고 나서, 나는 이 실험을 반복하거나 확장할 필요가 없다고 느꼈다." 그가 모호하지만 직관적으로 인지하기 시작하였고 나중에는 종교적 신념으로 떠받들었던 저 웅대한 대리자란 바로 에너지였다.

한 가지 실험만으로는 충분하지 않다. 그리고 하나의 측정치는 다른 측정치와 비교하기 전까지는 아무런 의미가 없다. 이렇게 측정한 열의 일 해당량 값이 측정 방식이 바뀌어도 변하지 않는 보편적인 수치라는 것을 보이기 위해서 줄은 전혀 다른 방식으로 열을 발생시키는 길을 최소한 한 가지는 더 찾아야만 했다. 줄은 그 길을 물을 휘젓는 실험에서 찾았다. 알프스에서의 신혼여행 중에 그가 탐구하였던 것으로 생각되는 바로 그 효과다. 열이 운동이면 운동은 열이므로, 물을 휘저으면 데워지게 될 것이다. 이 현상은 해안에 밀려드는 파도로 바닷물이 데워진다는 것을 알고 있었던 뱃사람들에게는 이미 상식이나 다름없었다. 이 아이디어를 실현한 줄의 독창적인 실험은 럼퍼드의 포신에 구멍을 뚫는 실험과 함께 열에 대한 물리학에서 위대한 고전이 되었다.

말을 이용하여 기계적인 힘을 만드는 대신, 끈에 추를 달아 정해진 거리만큼 내려오게 하는 방법으로 가열하였다. 끈의 다른 쪽은 수차의 축에 감아서 수차를 돌렸다. 그리고 수차는 차가운 물에 잠겨 있어서 물을 휘젓는다. 추의 무게와 추가 내려온 거리로부터 추가 한 일의 양을 정확하게 측정할 수 있고, 물의 양과 물의 온도가 올라간 양으로부터 발생한 열의 양을 측정할 수 있었다. 이 실험 장치와 이것의 작동법은 바로 이해할 수 있다는 점에서 개념의 명확성과 단순성을 보여주는 전형적인 사례이다. 더 놀라운 일은 이 실험을 실제로 실행하는 것이 지극히 어렵다는 점이다. 자연은 열을 만들기 위해 치러야 하는 기계적 일의 값을 너무 크게 잡아서 엄청난 노력(일)을 들여도 매우 작은 양의 열만 만들어낸다. 우리는 이 값이 얼마나 큰지 직관적으로 알고 있다. 찻잔의 차를 아무리 세게 젓는다 해도 차를 데울 수는 없다. 줄은 어떻게 이런 미소한 효과를 측정할 수 있다고 생각했을까?

사실 줄의 장치가 보였을 아주 미소한 온도 상승 효과는 주변의 공기로 열이 빠져나온다던가, 실험하는 사람의 체온으로 온도계가 데워진다던가, 장치가 진동하여 에너지가 빠져나온다던가 하는 등의 여러 가지로 가능한 가상의 효과에 쉽게 묻혀버릴 수 있는 아주 작은 양이다. 이런 문제를 연구하기 위하여 캠브리지 대학의 과학자들은 최근에 설계, 소재, 제작, 절차, 주변 환경 등의 세부적인 내용에서 원래의 것과 똑같도록 하여 줄의 실험을 재현하였다.

이 실험의 초반에 이 역사의 탐정들은 실험자가 실험실에 있기 때문에 생기는 열의 발생량이 예상되는 물의 온도 상승치보다 매우 크다는 사실을 알아내었다. 이 문제점과 다른 여러 가지의 문제점을 해결하고 나서도, 이들은 줄이 발표한 값을 재현하지 못하였다.

현재의 과학 수준이 과거보다 뛰어나다는 믿음으로 눈이 멀어버리면, 줄이 실험을 조작하였다고 결론 낼 수도 있겠지만, 그런다면 우리는 중요한 점을 놓치게 된다. 반대로, 논문을 통해서는 전달될 수 없는 우리가 모르는 것을 그가 알고 있었다고 받아들여야 할 것이다. 즉 그는 온도계의 파가니니여서 그의 장치만으로 상상할 수 없는 위업을 남긴 것이다. 그가 눈으로 보는 것조차도 수준 높은 예술이었다. "수차례의 연습으로 나는 맨눈으로 눈금의 1/20까지 읽을 수 있으므로, 화씨온도로 1/200까지는 유효한 값이다." 맨눈으로 이렇게까지 세밀하게 볼 수 있다는 것은 전무후무한 일이다. 줄의 친구이자 후원자인 윌리엄 톰슨은 이것을 마술이라고 하였다. 그가 눈금 읽기에서 보인 초능력 외에도, 그에게는 알려지지 않은 여러 가지 기술과 습관이 있었을 것이다. 그럼으로써 줄은 그 당시 온도 측정 분야에서는 이론의 여지가 없는 선도자가 되었을 것이나, 이런 능력이 더 이상 필요하지 않게 되자 잊혀졌을 것이고, 이후에 재발견되는 일이 없게 되었을 것이다.

줄의 마술봉이었던 온도계는 맨체스터 사람들이 맥주를 좋아한 덕분에 나온 것이다. 그 당시, 맨체스터의 양조업은 예술에서 과학으로 탈바꿈하고 있었고, 온도계가 이를 가능하게 하는 중심 역할을 하였다. 맥주를 잘 만들기 위해 양조기술자가 견습공에게 전해주던 전통적 비법 대신 정밀하게 온도 조절하는 방법이 자리를 잡기 시작하였던 것이다. 그의 공장의 기계 제작 전문가의 도움과 매일같이 겪는 이러한 영향으로 줄은 신기에 가까운 재주를 터득하였고, 이것이 그의 신혼여행에 대한 전설적인 일화의 근원이 되었을 것이다. 중세시대 그림과 조각에 나오는 성 베드로가 항상 열쇠를 쥐고 있듯이, 온도계가 없는 줄은 상상도 할 수 없을 정도이다.

7년의 세월 동안 그가 점점 더 정밀도를 더해가면서 수행했던 물젓기 실험의 결과는 대부분 그가 처음에 전기를 이용해서 간접적으로 얻어냈던 열의 일 해당량과 일치하였다. 마침내 에너지 보존 법칙의 확실한 실험적 증명이 이루어진 것이다. 일정량의 일이 전기로 바뀌고, 그 전기가 다시 열로 바뀔 때 나온 결과가 일이 직접 열로 바뀌었을 때의 결과와 같다면, 에너지는 변환되는 과정에서 잃어버리지 않는 것이므로, 그 법칙은 증명된 것이다.

1850년에 이르러 에너지 보존 법칙은 열을 기계적 일의 양으로 표시하는 공식과 함께 물리학 법칙의 하나로 확고하게 자리매김하였다. 물리학자들은 이것을 마이어와 줄에게서 넘겨받아 엄밀한 수학적인 형태로 만들었다. 오늘날 에너지와 일과 열을 재는 과학적 단위를 '줄'이라고 부르고 J로 쓴다. 1줄은 1파운드의 물을 바닥에서 6인치 들어 올리거나, 또는 이 물을 (사람이 걷는 속도인) 초속 7피트로 가속하거나, 이 물을 화씨로 1/1000도 높이는 데 필요한 에너지에 해당한다. 물의 온도 상승량이 극히 작다는 사실에서 줄이 온도 측정에서 타의 추종을 불허하는 기술을 가졌다는 것을 알 수 있다.

열역학 제1법칙, 즉 에너지 보존 법칙은 웅대하게 펼쳐졌고 수치적으로도 정확해졌지만, 왜 찻잔 속의 차가 저절로 데워지지 않는지를 설명할 수는 없었다. 마이어와 줄이 열에 대한 진실을 밝혔지만 그것만이 열에 대한 진실의 전부는 아니었다. 마이어가 자바에서 땀을 흘리고 줄이 알프스에서 산책할 때, 다른 원리의 씨앗은 이미 20년 동안 파리의 젊은 육군 장교가 발간한 뛰어나지만 모호한 한 책자 속에서 때를 기다리고 있었다.

5

# 증기로 덮인 파리:
# 열역학 제2법칙으로 가는 길

(카르노가) 그런 식의 추론 과정을 거쳐서 일반적인 법칙을 성립시켰다는 것은 자연 철학 전체를 통틀어서 가장 괄목할 만한 일이다.

—*William Thomson, Lord Kelvin*

시냇물이 모여 강물을 이루듯이, 몇몇 선구자의 개별적인 업적이 모여서 자연과학의 모든 분야를 관통해서 흐르는 강력하고 통일적인 이론인 열역학 제1법칙을 성립시켰다. 이와는 반대로 열은 항상 아래로, 즉 뜨거운 곳에서 찬 곳으로 흐른다는 열역학 제2법칙은 프랑스군에서 일하던 공학자 사디 카르노Sadi Carnot라는 한 사람의 세심하고 체계적인 연구의 결과로 나왔다. 그가 이 독창적인 일을 한 시점은 열역학 제1법칙보다 20년 앞선 대략 19세기 전반부로 원자론이 아직 보편적으로 받아들여지지 않았고, 라부아지에의 그럴듯하지만 문제가 많은 열의 칼로릭 이론이 힘을 얻고 있었던, 과학사에서 보면 오류에 빠졌던 시기였다. 어쩌면 이런 잘못된 이론 때문에 카르노가 열역학의 창시자로서 물리학의 전당에 들어가 갈릴레오, 뉴턴, 맥스웰과 함께 할 수 있는 기회를 잃게 되었는지도 모른다. 그러나 그가 한 통찰은 명확하고 그의 논점도 정확하여서 그의 업적에 부족한 부분이 있더라도 그를 '열역학의 창시자'라고 부를 만하다.

프랑스 사람들은 자신들의 영웅을 기려 길에 그들의 이름을 붙인다. 나는 파리의 지도에서 카르노란 이름이 하나가 아니라 세 군데에 있다는 것을 알아내고는, 그곳을 직접 찾아가 본 적이 있다. 그중 가장 눈에 띄는 것은 열두 개의 도로가 사방팔방으로 뻗어나가는 개선문 광장에서 시작하는 것이다. 열두 개의 도로 중 하나가 카르노 도로Carnot Ave.인데, 이것은 서북쪽으로 낮은 경사로 내려가는 넓고 양옆에 가로수가 있는 주택가의 길이다. 2번지 앞에 '카르노: 1735~1823, 군인, 정치가'라고 쓰인 푯말이 있다. 아하, 이 사람은 기술자이자 문필가로서 나폴레옹 전쟁 당시 장관이었던, 내가 찾는 물리학자의 아버지, 리자레 카르노구나. 다음으로 나는 시 반대쪽의 동물원 근처에 있는 금문Porte Dorée, the Golden Gate으로 갔다. 이곳에는 좀 초라한 카르노 길Boulevard Carnot이 파리 주변을 도는 고속도로 옆으로 나 있다. 앞서와 마찬가지로 이 길도 아버지 카르노를 기리는 것이다. 언제나 과학자보다는 군인이 평가를 더 받는 법이다. 내 지도에는 마지막 장소가 오래된 시 북쪽에 있는 카르노 별장Villa Carnot이라 부르는 작은 막다른 골목이라고 표시되어 있다. 그렇지만 거기에 가보니 그 별장은 사라졌고 유리와 콘크리트로 만들어진 보육원이 들어서 있었다. 나 혼자만이라도 이곳이 열의 과학을 창시한 그 사람을 한때나마 기렸던 곳이라고 믿고 싶다.

사디 카르노는 1796년에 태어났다. 그의 이름은 중세 페르시아 시인의 이름에서 온 것이다. 그는 나폴레옹 궁전 주변의 안락한 환경에서 자라났다. 카르노는 어려서부터 용감하고 고결한 성품을 보여주었다. 한번은 그가 네 살이었을 때, 나폴레옹이 여자들만 타고 있는 보트에 돌을 던져 물보라를 끼얹으며 장난치는 것을 보고는, 그에게 달려가 주먹을 휘두르면서 "짐승 같은 통령, 여자들을 괴롭히지 마!"라고 소리친 적이 있었다.

아버지의 지도로 수학과 과학, 어학, 그리고 음악 분야에서 기초를 단단히 쌓은 후 그는 공학을 공부하고 나서 군에 입대하였다. 그러나 스물네 살엔 중위로 있다가 휴직하고 파리로 이사했다. 그는 다들 턱수염을 기르던 시절에 깨끗하게 면도한 얼굴과 부드럽고 세련된 외모, 감각적으로 휜 입술, 풍성한 곱슬머리, 지성과 온기가 넘치고 꿈꾸는 듯한 아몬드 모양의 눈을 한 눈부시게 잘생긴 젊은 청년이었다. 그의 동생 이폴리트에 의하면 그는 춤과 문학과 미술을 좋아했고 바이올린 연주 솜씨가 매우 뛰어났다고 한다. 평생 독신으로 지냈으며 자신의 사생활을 존중하였는데, 한 예로 그는 자신이 유명한 아버지의 아들이라는 점 때문에 자신에게 관심을 보이는 사람들을 경멸하였다. 비극적으로 짧게 마친 그의 일생에서 그가 전력으로 매진했던 것은 증기기관을 분석하는 것이었다.

학문 탐구의 장소인 도서관은 물론 공장과 작업장에서도 산업 발전에 대한 탐구에 몰두하던 카르노는 이내 증기기관의 중요성을 깨닫게 되었다. 그는 유명한 제임스 와트로부터 시작하여 50년간 증기기관의 발전은 전적으로 영국인과 스코틀랜드인에 의해 이루어졌고, 프랑스인의 업적은 거의 없다는 것도 알고 있었다.

카르노는 영국의 산업에 미치는 증기기관의 영향력이 더 커질 것이므로, 만약 증기기관을 없앤다면, “그 나라의 거대한 힘을 소멸시키게 될 것이다”라고 말한 적이 있다. 프랑스인만큼이나 기술자보다는 군사적 영웅을 더 추대하고, 산업적 역량보다는 군사적 용맹을 더 높이 생각하는 영국인들이 “가장 든든한 방위력이라고 생각하는 해군이 파괴되는 것보다 (증기기관을 잃게 되는 것이) 더 치명적일 것이다”라고 한 그의 말을 들었다면 움찔했을 것이다. 카르노는 증기 동력의 발전에 프랑스인의 기여가 없었던 것을 만회하기 시작한 것이다.

1823년에 카르노는 자신이 발견한 것을 발표할 준비가 되어 있었다. 집필을 하기 전에 그는 두 가지 방침을 정했는데, 이들 각각은 나름대로 장점이 있지만 함께하면 서로의 효과를 완벽하게 상쇄하는 치명적인 것으로 그가 쓰려는 책을 거의 무의미한 것으로 만들 수 있는 것이었다. 첫째로 그는 과학자나 기술자가 아닌 일반대중을 그의 주 독자로 생각하였다. 이 결정으로 인해 그의 책은 한참 뒤에는 과학의 고전으로서 제대로 평가를 받게 되지만, 이 고상한 전통을 따르는 마지막 책이 되어버렸다. 이 전통은 갈릴레오가 수학적인 내용은 최소한으로 하고 라틴어 대신 대중적인 이탈리아어로 자유분방한 형식의 글을 쓰면서 시작되었다. 갈릴레오의 저작은 매우 영향력이 컸지만, 뉴턴 시대 이후에는 특히 물리학 분야에서는 수학으로 가득 찬 전문적인 내용으로 쓰는 형식이 주류를 이루게 되었다.

카르노의 두 번째 방침은 그의 위대함을 잘 보여주는 것으로서 결론을 일반화하는 것이다. 간단한 기계를 분석한 책을 집필하여 큰 성공을 거둔 아버지의 영향을 받아서 카르노는 기술자들이 바로 관심을 가지는 설계나 재료 등에 대한 실질적인 내용을 넘어서 증기기관 전반에 대한 이론을 개발하고자 하였다.

이 책이 증기기관의 장점을 알기 쉽게 설명하는 글이거나 열에서 일을 얻어내는 이론에 대한 일반적인 논문이었다면 충분한 호소력이 있었을 것이다. 그러나 대중은 일반적인 이론을 이해하기에는 너무 무지하였고, 전문가들은 복잡한 주제를 대중화시키는 일에 신경쓰기에는 너무 콧대가 높았다. 두 부류의 독자를 한꺼번에 잡으려 하다가, 카르노는 둘 다 놓쳐버린 것이다. 그의 《불의 동력에 대한 소고Reflections on the Motive Power of Fire》는 단 한 번이지만 매우 호의적인 평가를 받았고, 10년 후 그가 서른여섯의 나이로 죽은 지 3년 후에, 단 한 번 과학 문헌에 인용되어 그에 대한 기억을 보존하고 있을 뿐이다.

책에서 카르노는 "누구나 열이 운동을 만들어낼 수 있다는 것을 안다"는 포괄적인 말로 시작하고, 곧바로 열에게 바치는 서정시를 읊는다.

> 열은 대기를 움직이고, 구름을 하늘로 올리고, 비와 눈을 내리고, 물을 흐르게 하여 지표면을 깎아낸다. 아직까지 사람은 물의 흐름 중 일부분만 활용할 뿐이다. 지진과 화산이 분출하는 것도 열 때문이다. 이 방대한 저장고에서 우리는 용도에 맞게 움직이는 힘을 얻을 수 있을 것이다.

이 책은 산업과 수송의 도구로서 증기기관을 찬미하면서 나아간다. 독자가 책 속에 빨려들어 갈 때쯤 카르노의 진짜 목적이 나타난다. 그는 여태까지 증기기관이 발전되어온 과정이 설계와 사용한 재료와 연료의 종류 등에 대해서 땜질식의 임시방편으로 이루어져 온 것을 한탄한다. 그 대신 필요한 것은 일반적인 이론이라고 그는 말한다.

이 소고의 6쪽에서 우리는 열역학의 탄생을 알리는 문장을 만난다. 카르노가 살아생전 그의 숭고한 목표에 도달하지는 못하였지만, 그는 자신이 무엇을 위해 노력하는지를 분명히 알고 있었고, 그의 말들은 170년 전에 그가 처음 했을 때와 마찬가지로 오늘날에도 진실로 울려 퍼지고 있다.

> 열에서 운동을 만들어내는 원리를 가장 일반적인 방법으로 다루기 위해서는, 이것을 어느 특정 메커니즘이나 기구와는 별개의 것으로 고려해야 한다. 작동하는 물체가 무엇이고 그것이 어떤 방법으로 작동하던 간에, 증기기관뿐 아니라 모든 상상할 수 있는 열기관에 적용할 수 있는 원리를 세워야 한다.

갈릴레오가 운동에 대한 연구를 시작할 때, 뉴턴이 동역학의 기초를 세울 때, 맥스웰이 전자기학 이론을 만들어낼 때와 마찬가지로 카르노의 의도는 치밀한 것이었다. 그가 이들만큼 알려지지 않은 것은 이들은 성공하였고 그는 실패했기 때문이다. 그렇지만 이후에 밝혀진 열역학의 중요성을 생각해 보면 파리의 거리, 아무리 못해도 골목 하나 정도는 그의 이름을 땄어야 했다.

카르노는 세부적인 메커니즘을 따지지 않고, 증기기관에서처럼 어떻게 열이 일로 바뀌고, 럼퍼드가 기계를 깎았을 때처럼 어떻게 일이 열로 되는가에 대한 추상적인 이론을 개발하기 시작했다. 대상 물체의 모양, 크기, 구성 성분이 무엇이든 상관없이 갈릴레오의 가속도 법칙이 행성과 대포알, 먼지 티끌에도 적용되고 뉴턴의 운동법칙이 별과 사과, 원자에 모두 적용되듯이, 카르노는 '물체가 어떻게 생겼나'와는 상관없이, 찻주전자와 증기기관과 화산이 작동하는 원리를 찾고자 하였다.

그는 영구기관은 있을 수 없다는 점과 오류가 있는 라부아지에의 열의 칼로릭 이론을 전제로 추론하였다. 럼퍼드가 대포 깎기 실험을 한 지 아직 30년이 채 되지 않은 시점이라서 이 화학자의 잘못된 이론이 주류를 이루고 있었던 것이다. 카르노의 천재성은 이 잘못된 이론을 갖고 이룰 수 있는 최대한을 이루어냈다는 데 있다.

그가 보인 통찰은 과학적 접근과 공학적 접근의 차이를 명확하게 보여주는 대표적인 사례이다. 증기기관을 분석할 때 중요한 양은 사용한 연료당 나오는 일로 측정되는 효율이다. 기술자라면 효율을 높이기 위해서 연료를 절약하고 나오는 일을 극대화시키는 방법을 찾고자 할 것이다. 그들은 기관의 설계와 재료를 개선하고 쓸데없는 진동을 없애고, 기계 부품의 크기를 여러 가지로 바꾸면서 크기와 효율에서 최적이 되는 크기를 찾아내는 등의 체계적인 접근을 한다. 이렇게 수십 년간 뜯어고쳐 증기기관의 효율이 증대되어왔지만, 카르노가 살던 시대에 그 효율은 6퍼센트를 넘지 못하여 94퍼센트의 연료는 쓸모없이 버려지고 있었다.

카르노는 보다 근본적으로 접근해야 보다 높은 효율을 얻을 수 있다고 생각했다. 그는 소음과 냄새가 나는 공장이 아닌 조용한 집무실에 앉아서 생산성과 이윤을 증대시켜야 한다는 압력도 받지 않으면서 오로지 머릿속으로 전체 과정을 생각하였다. 열과 열이 주는 동력이 전체 기관을 움직이는 힘을 공급하는 것이므로, 그는 머릿속으로 뜨거운 석탄에서 나와 기계 부품으로 들어가는 칼로릭의 흐름을 추적하고자 노력하였다. 이런 방법으로 이전에는 누구도 알아내지 못했던 놀라운 사실을 깨닫게 되었다. 기계의 설계와 성능에 상관없이 모든 열기관은 주변으로 열을 내놓는다는 사실에 주목한 것이다. 증기기관의 경우, 열은 굴뚝을 통해서 공기로 그리고 냉각수를 거쳐 증기로 빠져나간다. (요즘에는 자동차는 라디에이터와 배기관을 통해 열을 내놓고, 원자로에서는 냉각탑으로, 화력발전소에서는 엄청난 양의 열을 굴뚝으로 내놓는다.) 기술자가 아무리 노력하더라도 증기기관에서 나오는 방대한 양의 열 손실을 근본적으로 없앨 수는 없다.

그러고 나서 카르노는 주변으로 열을 빼앗기는 것이 단지 해결해야 하는 성가신 것이 아니라, 열에서 동력을 얻는 과정에서 필연적으로 나오는 부산물이라는 결론에 이르렀다. 그는 칼로릭을 물에 비유하고 증기기관을 물레방아에 비유하였다. 칼로릭은 온도가 높은 곳(보일러)에서 온도가 낮은 곳(주변)으로 떨어지면서 일을 만들어낸다. 이런 식으로 그는 열이 방출되는 것은 물이 물레방아 아래로 흐르는 것처럼 자연스럽고 피할 수 없는 현상이라고 생각했다. 마음속으로 수없이 많은 사례를 검토한 후, 귀납적 추론으로 열을 조금도 잃어버리지 않고 전부 일로 바꾸는 것은 불가능하다는 일반적인 법칙에 도달하였다.

카르노 자신은 이 새 자연법칙의 중요성을 인지하지 못하였지만, 이것은 머지않아서 에너지 보존 법칙이라고 불리게 되는 열역학의 첫 번째 법칙만큼 중요한 법칙으로 인정받게 되었다. 그렇게 중요해 보이지는 않지만, 실제로 카르노가 발견한 법칙은 훨씬 단순하게 들리는 '열은 낮은 곳으로 흐른다'는 명제와 같은 것으로 판명되었으며, 열역학 제2법칙으로 불리게 되었다. 그리하여 열역학 제2법칙은 간접적이고 우회적인 방법으로, 열역학 제1법칙보다 먼저 발견되었다.

카르노는 기술자들에게 증기기관을 보는 새로운 시각을 열어주었다. 증기기관은 이때까지 사람들이 믿었던 것처럼 단순히 열을 일로 바꾸는 기계가 아니고, 열을 공급하는 높은 온도의 열 탱크와 버리는 열을 받는 낮은 온도의 열 탱크 사이에 놓인 기계장치이다. 그것은 하나가 아니라 일과 열 두 가지 산출물을 내놓는다. 이후로 증기기관을 설계하는 사람들은 화로에 대해 신경 썼던 것만큼 냉각 과정에도 많은 신경을 써야 했다.

증기기관이 작동하는 기본 원리에 대해 카르노가 얻은 새로운 해석은 선입견을 배제한 이론적인 접근법의 장점을 잘 보여주는 사례이다. 이보다 더 근본적인 두 번째의 통찰이 뒤를 이었다. 카르노는 기계가 거꾸로 작동하는 경우를 생각하였다. 기계는 일을 만들어내는 대신 일을 이용하여 차가운 열 탱크에서 뜨거운 열 탱크로 열을 이동시킬 것이다. 그러면, 이 기계는 냉각 장치가 되는 것이다. (집마다 있는 냉장고의 경우, 일은 전기 콘센트에서 나오고 냉장고 안의 열은 먼지가 쌓인 냉장고 뒤의 방열판을 통해 부엌으로 나온다.) 증기기관이 아래로 흐르는 물로 움직이는 물레방아라면, 냉장고는 산꼭대기로 물을 퍼 올리는 펌프와 같은 일을 한다.

카르노는 과학자이기도 하지만 실질적인 일에 관여하는 기술자이기도 하므로, 증기기관과 냉장고 모두 열, 소음, 마찰, 기타 다른 방법으로 힘을 잃어버릴 수밖에 없다는 것을 잘 알고 있었다. 그렇지만, 그는 기계를 잘 고안해서 이런 문제점들을 모두 제거하였을 경우를 생각해 보았다. 그렇게 되면 이론적으로만 가능한 이상적인 기계가 될 것이다. 그는 이런 기계를 가역적 기계라고 불렀다. 손목을 조금 틀어 스위치를 좌우로 돌리는 것만으로 이 기계는 기관에서 냉장고로, 다시 냉장고에서 기관으로 바뀌게 될 것이고 어느 방향으로든 완벽하게 작동할 것이다. 이것은 수력발전기에 비유하자면, 산 위 호수의 물로 수력 터빈을 움직여서 얻는 전력으로 전지를 충전시키고, 스위치를 돌려서 전지의 전력으로 물을 호수로 다시 펌프질해서 올리면서 에너지를 하나도 잃지 않는 것과 같은 것이다.

카르노가 고안한 이 가상의 가역적 기계는, 그 후에 뒤따르는 열역학적 이론 전개에서 핵심적인 역할을 하게 되는 것으로서, 귀찮지만 없앨 수 있는 불필요한 열 손실과 일을 만들기 위해서는 완벽한 가역적 기계에서도 어쩔 수 없이 발생하는 열 손실을 명확하게 구분한다. 카르노가 이런 구분을 하기 전까지 기술자들은 하나같이 이 둘을 하나의 효율의 적으로 보고 둘 다 해치우려 애를 썼다. 카르노는 이들의 노력 중 상당 부분이 실패로 돌아갈 것임을 증명한 것이다.

'가역(적)'과 '비가역(적)'이라는 용어는 그 후에 정립되는 열역학과 시간에 대한 개념의 상관성을 암시한다. 카르노 자신은 자신의 철저한 공학자로서의 사고가 어떻게 철학자의 전유물로 간주되는 근본적인 개념으로 이어졌는지를 상상도 할 수 없었을 것이다.

열은 방출될 수밖에 없다는 것을 깨닫고 가역적 기계를 고안한 후에 나온 카르노의 세 번째 업적은 가장 놀라운 것이었다. 그는 세심한 논법으로 다행히 칼로릭 이론이 퇴출된 뒤에도 살아남아서 카르노 이론으로 알려지게 되는 이론을 증명하였다. 그 이론에 따르면, 가역적 엔진의 효율은 오로지 엔진에 연결된 두 개의 열 탱크의 온도에 의해 결정된다. 이것은 매우 위대한 발견이다.

실제적인 용어로 설명하자면, 이것은 뜨거운 열 탱크(화로의 불꽃, 원자로의 핵 연료봉, 자동차 엔진에서 혼합 연료가 연소된 직후의 실린더)와 차가운 열 탱크(엔진을 둘러싼 공기나 냉각수)의 온도가 정해지면 그 엔진의 최대 효율은 확정적으로 결정되고, 효율은 절대로 그보다 높아질 수 없다는 것을 뜻한다.

카르노의 이 놀라운 이론을 달리 말하자면, 두 온도가 같은 조건에서 작동하는 가역적 엔진은 모두 같은 효율을 갖게 된다는 것이다. 그것들이 어떻게 설계되었고, 제작과 작동에서 어떤 물질을 이용하건, 크기나 모양, 기계적, 전기적, 화학적 힘 등 어떠한 방식으로 힘을 만들어내든 모두 상관없다는 것이다. 카르노는 기술자의 손으로 높일 수 있는 기계 효율의 최대치를 찾아낸 것이다.

가능한 한 최대한 가역적으로 하는 것이 그들이 할 수 있는 최선이고, 그 이상을 넘는 것은 자연의 법칙이 허용하지 않는다. 순수 물리학이 실용 학문인 공학에 대해 거둔 눈부신 승리였다.

카르노의 이론에 의하면, 엔진은 온도 차가 클수록 효율이 높아진다. 산이 높고 골이 깊을수록 수력 발전기가 더 잘 작동하는 것처럼, 열기관의 내부는 뜨겁고 열이 버려지는 외부는 차가워야 효율이 높아진다. 예를 들어 자동차도 타는 휘발유의 온도가 같다면 원리상으로는 여름보다는 겨울에 더 효율이 좋다. 그러나 이런 세세한 변화보다 더 중요한 것은 연료의 약 3분의 2는 그냥 버려진다는 침울하지만 (중력처럼) 피할 수 없다는 사실이다.

카르노의 이론은 물리학 전체에 걸쳐서 이론이 실험을, 추론이 경험을 뛰어넘은 사례 중 가장 인상 깊은 것이다. 그의 이론은 자연을 이해하고자 하는 지적 추구의 면뿐만이 아니라 공학의 응용면에서도 직접적으로 순수과학의 가치를 보여주는 기념비이다. 이 이론으로 과학은 산업과 통상의 중심으로 자리를 잡게 되었다.

불행하게도 사디 카르노는 자신이 한 선구적인 작업의 결실을 거두어들이지 못하였다. 이는 어느 정도는 아이디어를 전개하는 그의 방식이 독특하였기 때문이라고 할 수 있지만 아마도 훨씬 더 치명적인 이유가 있었던 것으로 보인다. 그의 책자가 인쇄되어 나오자마자, 카르노는 바탕되는 가설에 대하여 의구심을 갖기 시작하였다. 그가 쓴 논문 중에는 그가 칼로릭 이론이 틀렸다는 것을 알게 되었고, 더 나아가 마이어와 줄보다 20년이나 앞서서 열의 일 해당량의 값을 추정하였다는 것을 보여주는 부분이 있다. 간단히 말해서 그는 열역학 제2법칙의 초보적인 형태를 발표하고 나서 열역학 제1법칙을 발견하기 직전까지 온 것으로 보인다.

그러나 그의 생각에 이들 둘은 서로 모순되는 것이었다. 증기기관을 분석하는 아주 다른 두 개의 길이 있는 것처럼 보였다. 열역학 제1법칙이 말하는 것처럼 에너지가 보존된다면 불에서 나오는 열은 엔진이 작동하여 만들어내는 일로 바뀐다. 반면, 카르노가 잘못 알았던 것처럼 칼로릭이 한 열 탱크에서 다른 열 탱크로 흘러가서 일이 일어난다면, 사용되어 없어지는 열은 없다는 말이 된다. 어느 쪽이 진실인가? 열은 변환되는가? 아니면 보존되는가? 만약 그가 조금만 더 오래 살았더라면 자신이 세운 이 열에 대한 이론에서 치명적인 약점이라고 생각되었던 이 상충되는 문제는 에너지라는 개념(열도 에너지의 한 형태임)을 도입하면 해결될 수 있다는 것을 스스로 깨닫게 되었을 것이다.

그의 소고가 발간된 후 그는 이 문제에 대해 아무것도 하지 않았고 책 쓰는 일도 그만두었다. 일 년간은 다시 군 복무를 하였고, 그 후엔 제대하여 연구에 몰두하였다. 1832년 6월 그는 반정부 폭동이 일고 있던 파리에 있었다. 그는 술 취한 장교 한 사람이 칼로 사람들을 위협하면서 말을 달리는 것을 보고는, 어렸을 때 나폴레옹의 정원에서처럼 용감하게 대응하였다. 그는 이 무법자를 말에서 떨어뜨리고 도랑에 던져버렸다. 2주 뒤에 카르노는 성홍열에 걸렸고, 뇌까지 감염되었다. 그는 낙향하여 동생 이폴리트의 간호를 받아 건강을 회복하였다. 그러나 8월에 콜레라가 마을을 덮쳤고, 쇠약해 있던 사디 카르노도 감염되어 몇 시간 만에 죽고 말았다. 그때 그의 나이는 겨우 서른여섯이었다.

보통 콜레라로 죽은 사람들에게 하듯이, 그의 옷과 소지품과 논문 대부분이 불에 타 사라졌다. 노트 한 묶음만이 남아서 소고 발간 이후에 있었던 그의 지적 발전을 보여줄 뿐이다. (그렇지만 글은 저자보다 오래가는 법이다. 《소고》 이전에 쓴 카르노의 원고가 거의 한 세기 반이 지난 뒤인 1966년에 발견되어 발표되었다.)

카르노가 때 이른 죽음을 맞은 지 6년 뒤에 마이어는 에너지 보존에 대한 이론적인 논문을 썼고, 그 후 1년 뒤에 줄은 에너지 변환의 증거가 되는 선구적인 실험을 하였다. 마침내, 1850년에 이르러 언뜻 상충되는 듯이 보이는 이들 세 사람의 발견은 놀라울 정도로 쉽게 하나로 묶이게 되었다.

# 6

# 모든 것은 아래로: 열역학 제2법칙

한두 번 나는 기분이 나빠져서 그 자리에 있는 사람들에게 열역학 제2법칙을 설명할 수 있는 사람이 몇이나 되냐고 물었다. 반응은 싸늘했다. 아는 사람이 아무도 없었기 때문이다. 그렇지만 내가 물었던 것은 과학 분야에서는 '셰익스피어의 작품을 읽어본 적이 있습니까?'와 같은 질문이었다.

—*C. P. Snow*

1990년 독일이 통일된 후에 독일 물리학회는 학회사무실을 구동베를린에 있는 한 유서 깊은 저택으로 옮기기로 결정하였다. 깔끔한 청동 문패가 그 이유를 말해주는데, 여기에는 "이곳에서 독일 물리연구소가 처음 설립되었으며, 구스타프 마그너스가 1842년부터 1870년까지 소장으로 역임하였다. 이 동판은 독일 물리학회가 그와 그의 제자이자 동료인 폰 베이어, 두보아-레이먼드, 클라우지우스, 폰 그로트, 폰 헬름홀쯔, 키르히호프, 쿤트, 사라신, 틴달, 바르부르크를 기념하여 제작하였다"라고 씌어 있다. 나는 이 책을 쓰면서, 인디고를 합성한 공로로 노벨 화학상을 받은 나의 증조부 아돌프 폰 베이어Adolf von Baeyer가 루돌프 클라우지우스와 이렇게 연관되어 있다는 사실에 새삼스러운 자부심을 느낀다.

이들이 만났던 집의 주인인 구스타프 마그너스Gustav Magnus는 물리학 교수였고 훌륭한 스승이었다. 그는 회전하는 야구공이 곡선을 그리며 움직인다는 그의 이름을 딴 효과를 발견한 것으로 잘 알려져 있지만, 그가 과학 학회를 설립한 것이 그의 전공 분야는 물론이고 더 나아가 사회적으로도 훨씬 중요한 업적이었다. 이 동판의 나머지 부분은 과학의 드림팀 선수 명단처럼 느껴진다.

이 연구소 구성원 대부분의 경력을 보면 열역학 분야가 단연 돋보인다. 마그너스는 기체가 열을 전달하는 메커니즘을 정립하는 데 기여하였다. 존 틴달John Tyndall은 럼퍼드 백작이 설립한 런던 왕립학회의 자연철학 교수가 되었는데, 아마도 이 때문에 그가 저 악명 높은 탐험가를 충실하게 옹호하였을 것이다. 틴달은 그의 시대에 가장 성공적으로 물리학을 대중화한 사람으로서 명성이 높다. 그는 로베르트 마이어를 만난 적이 있고, 이 훌륭한 의사의 업적을 알리는 데 상당한 영향을 미쳤다. 특히 1863년에 그가 쓴《운동의 방식으로 고찰한 열》이라는 책은 수없이 판을 거듭하여 발행되어서 고전이 되었다. 에밀 바르부르크Emil Warburg와 아우구스트 쿤트August Kundt는 스트라스부르 대학교에서 친구이자 동료로서 공동 작업을 통해 제임스 클럭 맥스웰이 원자론에 근거하여 이룬 열전달 현상에 대한 몇 가지 예측을 하였다.

나중에 익살과 찬탄이 섞여 독일 물리학의 제국 수상이라고 불리게 되는 헤르만 폰 헬름홀쯔Hermann von Helmholtz는 겨우 스물여섯이었던 1847년 7월 23일 베를린 물리학회에서 에너지 보존 법칙에 관한 유명한 강연을 하였다. 그가 줄의 연구 결과에 대해 들은 지 얼마 되지 않아서였다. 그는 '에너지 보존의 원리'라는 말을 처음 만들었고 마이어가 다 이루지 못하였고 줄은 시도조차 하지 않았던 열역학 제1법칙을 수학적으로 정립하는 작업을 하여 역학, 열, 전기, 자성, 물리화학, 천문학에 적용하였다. 그는 오래된 난제들을 모두 정리하였고 검증 가능한 수학적 공식을 제시하였다. 헬름홀쯔의 논문은 대단한 내용을 담고 있어서 그가 종종 열역학 제1법칙을 처음으로 발견한 사람으로 소개되기도 하는데, 이는 분명히 마이어와 줄에게는 불공정한 일이지만, 이론 물리학의 엄밀한 용어를 사용하여 이 법칙을 나타내는 데 그가 기여한 사실을 옳게 반영하는 것이다.

베를린 동판에 있는 명단에서 가장 두드러진 열역학 분야의 학자는 루돌프 클라우지우스Rudolf Clausius로, 그는 카르노의 연구에 들어 있는 모순을 제거하고 제대로 된 결과를 물리학자들이 받아들일 수 있는 간결한 수학적 용어로 기술하였다. 그 역시 때때로 열역학의 창시자로 불린다. 카르노가 증기기관에 대해 세밀하게 연구한 결과로부터 귀납적으로 추론하여 전반적인 열역학 원리를 찾고자 노력하였던 반면, 클라우지우스는 반대의 방향으로 연구를 수행하였다. 카르노가 한 제안을 확고한 원칙으로 생각하고 그는 이것들을 구체적이고 실험으로 검증할 수 있는 연역적 추론으로 개선하고 강화하였다. 열역학 제2법칙은 카르노의 종합과 클라우지우스의 분석으로 받쳐주는 두 개의 기둥을 얻은 것이다.

루돌프 클라우지우스는 19세기의 학문적 전통을 잇는 전형적인 독일인 교수였다. 그는 1850년에 발표한 열의 이론에 대한 유명한 논문 덕택에 베를린, 쮜리히, 뷔르쯔부르크에서 차례대로 교수직을 역임하였고 최종적으로는 본에 자리 잡은 후 수년간 대학 행정 일을 하였다. 비록 영국인인 존 틴달과 좋은 친구로서 드림팀에서 함께 일을 하였고, 1879년에는 선망의 대상인 영국 왕립학회의 코플리 메달을 마이어가 받은 지 8년 만에 수상하였지만, 그는 과학 분야에서 독일의 명예를 높이는 일에 대해서는 좀 과한 태도를 갖고 있었다. 수차례에 걸쳐서 그는 누가 먼저냐에 대한 논쟁에 관여하였고, 그중에서 대표적인 것으로는 1860년대 후반에 일어났던 마이어와 줄 중 누가 먼저 열의 일 해당량을 알아내었느냐 하는 처절한 논쟁이었다. 클라우지우스는 이 논쟁을 발견한 사람들을 어떻게 공정하게 다루느냐 하는 문제를 넘어 독일의 국가적 자존심의 문제로 만들어버렸다.

그러나 이런 일들은 클라우지우스가 열의 이론과 씨름하던 1850년 당시에는 훗날의 일이었다. 그는 후발 주자로서 카르노보다 유리한 위치에 있었다. 즉, 마이어와 줄이 칼로릭 이론이 잘못되었다는 것을 확실하게 보였고, 헬름홀쯔가 열역학 제1법칙을 확고한 위치로 올려놓은 후였던 것이다. 그렇지만 클라우지우스는 열 이론에서 여전히 무언가가 빠진 것이 있다는 것을 깨달았다. 예를 들면, 왜 찻잔의 물은 데워지지 않고 항상 식게 되는가 하는 문제이다.

클라우지우스는 카르노가 완전하고 일관된 열의 이론을 찾고자 시도한 내용이 담겨 있다는 소책자에 대하여 들은 적은 있었지만, 이를 구할 길이 없었다. 대신, 그는 카르노의 《소고》를 인용한 유일한 글인 프랑스 공학자 에밀 클라페이런Emil Clapeyron의 논문으로 그 결과를 간접적으로 공부하였다. 그런 후 클라우지우스는 카르노의 연구 진행을 방해하였던 모순점을 재발견하게 되었다. 증기기관이 반드시 어느 정도의 열을 방출해야 하므로 증기기관은 열을 써서 없애는 것이 아니라 단지 일을 하는 유체로써 활용하는 것으로 보였다. 반면, 열역학 제1법칙이 말하기를, 열은 사용되고 없어지는 것, 또는 일로 변환되는 것이라고 하였다. 클라우지우스는 이 딜레마를 알아차렸고, 곧바로 해결책을 찾았다.

그가 제안한 해결책은 증기기관을 뜨거운 열 탱크에서 열을 받아서 일부는 (줄이 주장한 것처럼) 일로 바뀌고, 동시에 나머지는 (카르노가 믿었던 것처럼) 차가운 열 탱크로 옮기는 도구로 생각해야 한다는 것이다. 열은 칼로릭의 형태로 있어서 소멸될 수 없는 물질이라는 잘못된 생각을 갖고 있는 한, 카르노는 그의 역설을 해결하고 이렇게 간단한 길을 찾을 수 없었을 것이다. 카르노에게는 그 시기의 증기기관의 효율이 낮아서 전체 에너지의 (수 퍼센트 이하의) 일부분만 일로 변환되기 때문에 기관으로 격류처럼 쏟아져 들어가는 열의 흐름이 줄어들지 않는 것으로 보였던 것이다. 증기기관의 효율이 많이 높았더라면, 그도 분명히 전체 에너지에서 열이 없어진다는 것을 알아차렸을 것이다.

이 새로운 시각으로 클라우지우스는 뜨거운 열 탱크에서 차가운 열 탱크로 열을 퍼나르는 것이 필요하기도 하고 피할 수도 없는 것이라는 카르노의 중요한 명제에 덤벼들었다. 카르노는 이를 칼로릭은 소멸될 수 없다는 더 이상 받아들여지지 않는 관념으로부터 유도하였다. 클라우지우스는 카르노의 명제는 맞다고 믿었지만, 그의 증명은 받아들이지 않았다. 그는 이것으로 무엇을 하려고 했을까?

과학에서는 증명할 수 없는 진실을 법칙이라고 한다. 뉴턴은 중력의 공식을 보다 타당한 전제에서부터 유도하기를 단념하고나서 ('나는 아직 중력의 원인을 밝혀내지 못했다. … 왜냐하면 내가 그것을 이해하지 못했기 때문이다.') 이를 법칙으로 받아들였다. 학생들이 외워서 배우는 이 '중력 보편 법칙' 또는 '보편 중력 법칙'은 250년간 절대적인 법칙이 되었다. (이는 아인슈타인이 1915년 일반 상대성 이론으로 유도할 때까지는 설명할 수 없었다.)

같은 방식으로 클라우지우스는 모든 기관은 열을 방출한다는 카르노의 주장을 받아들여서 열역학 제2법칙이라고 불렀다. 이것이 옳은지 그른지는 오직 경험으로만 알 수 있는 것이다.

자연의 법칙은 증명할 수도 없고 유도할 수도 없는 것이지만 다른 형태로 표현될 수는 있다. 카르노가 다룬 방식은 실제 공학에서는 바로 적용할 수 있지만, 일상생활과는 너무 동떨어져 있었다. 기계공학자 말고는 누가 열기관의 냉각 설비에 신경이나 쓰겠는가? 클라우지우스는 이를 일상적인 경험에 가깝게 하고자 노력한 결과, 보다 직관적 호소력이 크면서 열역학 제2법칙과 논리적으로 동등한 공식을 찾아내었다.

그는 고전적인 논증 방법인 귀류법을 이용하여, 카르노의 원리를 위반하는, 즉 열을 방출하지 않는 기관이 있다고 가정한다. 말하자면, 어떤 장치가 있어서 이 장치로 냉장고에서 발생하는 열을 이용해서 전기를 만들 수 있다고 가정하는 것이다. 이 전기로 다시 냉장고를 작동시킬 수 있으므로 이 장치와 냉장고를 하나의 기계로 보면, 이 기계는 아무런 외부의 동력 없이도 냉장고에서 부엌으로 열을 이동시킨다. 빌라르의 바퀴가 동력 산업을 바꿀 수 있는 것처럼, 이런 '영구적인 냉장고'는 식품 산업에 혁명을 가져올 것이다. 그러나 물론 이런 기적의 기계는 존재할 수 없다. 열은 외부에서 도움을 주지 않으면 아래로 내려갈 뿐이지 올라가지는 않기 때문이다. 그렇다면 전제에 오류가 있는 것이므로, 열을 잃어버리지 않는 기관은 없다는 것이 증명되어 카르노의 원리는 맞는 것이 된다.

이와 같은 논법으로 클라우지우스는 열역학 제2법칙을, 열은 뜨거운 곳에서 찬 곳으로 자연적으로 흐르지만, 그 반대로는 흐르지 않는다는 단순한 표현으로 나타내었다. (그의 말에 따르면, 자연적으로'라는 말은 '저절로' 또는 '해주는 일 없이'라는 뜻이다.) 이 표현으로 이 법칙은 우리 모두에게 자명한 일이 된다. 사무실로 돌아오는 길에 커피 한 잔과 주스 한 병을 사 와서 봉지에서 꺼낼 때, 커피가 주스에서 열을 빼앗아서 커피는 펄펄 끓도록 뜨거워지고 주스는 정신이 번쩍 들도록 차갑게 된 것을 본 적이 있는가? 절대로 없다. 불행히도 당신은 언제나 식은 커피와 미지근해진 주스를 마시게 된다.

만약 열은 항상 낮은 곳으로 흐른다는 것을 믿는다면 (누가 그것을 믿지 않겠는가?) 냉엄한 논리의 결과로 자동차의 라디에이터에서 나오는 열을 재활용해서 자동차 연비를 높이거나, 가전기기의 냉각기에서 나오는 열을 재활용해서 절약하는 것이 불가능하다는 것을 받아들일 수밖에 없게 된다. 이는 클라우지우스의 추론이 위대하다는 것을 보여주는 것이다.

전제는 명백해 보이기 때문에 받아들이기 쉽지만 결론은 그렇지 않다는 점에서 이 논법의 천재성이 돋보인다. 왜 카르노가 한 주장과는 반대로 열기관에서 나오는 뜨거운 배기가스를 유용한 목적으로 사용할 수 없는 것일까? 과학에서 종종 그러하듯이, 이 대목에서는 정성定性적인 추론으로는 충분하지 않고 정량定量적으로 추론해야만 한다. 사실 큰 화력발전소의 냉각탑에서 나오는 뜨거운 공기를 이용하여 집 몇 채를 데우는 일은 가능한 일이고, 실제로 있는 일이다. 그리고 자동차 엔진의 효율을 감소시키지 않고서도 라디에이터의 열을 이용하여 조그만 전등을 켜는 것이 가능한 것도 사실이다. 그렇지만 이 정도가 할 수 있는 최대한이다. 방출되는 열의 상당 부분을 잡을 목적으로 열기관의 냉각기 부위에 커다란 변환기를 장착하게 되면, 이것은 필연적으로 열의 흐름을 방해해서 냉각기 주변의 온도를 높이게 되므로 기관이 부드럽게 작용하는 데 장애가 되며 기관의 효율을 떨어뜨리게 된다. 결과적으로 연료에서 유용한 에너지를 더 끄집어내는 게 아니라 잃게 되는 것이다.

발전소나 자동차 같은 복잡한 실제 예가 아니라 방출하는 열을 모두 재활용할 수 있도록 만들어진 간단한 가상의 기관을 상상해 보면 카르노가 표현한 열역학 제2법칙의 진정한 중요성이 드러난다. 전기발생장치를 열대지방의 크고 따뜻한 호수 물속 깊은 곳에 설치하고 호수 밖으로 전선으로 연결하였다고 상상해 보자. 이 전기발생기가 들어오는 열을 100퍼센트 활용해서 차가운 열 탱크가 필요 없다면, 호수에 들어 있는 방대한 양의 분자 운동의 일정 부분을 전기로 바꿀 수 있지 않을까? 잠깐만 생각해 보면 원리상으로는 열대 지방이 아닌 곳의 차가운 호수에도 막대한 양의 열에너지가 들어 있으므로 호수의 온도는 중요하지 않다는 것을 알게 된다. 앞의 질문을 달리 말하면, 버리는 열을 받는 차가운 열 탱크가 없이, 즉 열이 흘러 나가는 일 없이, 바다나 대기에서 동력을 얻을 수 있겠는가?가 된다.

열역학 제2법칙에 따르면 그 답은 '아니오'이다. 이런 극단적인 경우에는 그 결론을 받아들이기가 쉽다. 영구기관을 만들 수 없는 것과 마찬가지로 바다나 대기에서 에너지를 끄집어내는 기계를 만들 수는 없는 것이다! 이런 실망스러운 결론은 열역학 제2법칙이 주는 한계를 넘으려 하였다가 실패한 경험에서 나온 것이 아니라 열역학 법칙이 성공적으로 적용된 수많은 사례로 증명된 것이다. 우리는 열역학 법칙을 통해서 어떻게 냉장고가 음식을 차게 하고, 지구 내부의 열이 지각 변동을 일으키고, 태양이 모든 생명에 온기를 주고, 세포가 음식물을 에너지로 바꾸고, 광합성이 일어나고, 우주가 팽창하고, 태양전지와 핵발전소가 전기를 생산하고, 찻잔이 식는가를 이해할 수 있다. 이 모든 경우에 대해서 열역학 제2법칙으로 정성적인 설명도 할 수 있지만 정량적이고 검증 가능한 예측도 할 수 있다. 이러한 경험 모두를 통해 우리는 열역학 제2법칙이 의심할 여지 없는 진실임을 확신한다.

우리는 대부분 열역학을 크기와 무게가 거시적인 우리 주변 세상에서 경험한다. 그러나 최근까지는 우리의 감각으로 닿을 수 없었던 원자의 세계에서는 무슨 일이 일어날까? 에너지 보존이라는 열역학 제1법칙은 원자의 세계에서도, 물질의 가장 근본적인 수준에 있는 쿼크에까지도 적용된다는 것이 입증되었다. 그렇다면, 열역학 제2법칙은 어떠한가? 그것은 원자와 분자에도 적용되는가? 이에 대한 답을 내리기 위해, 클라우지우스가 처음으로 열의 과학에 체계적인 기반을 닦기 시작한 지 17년 뒤인 1867년에 맥스웰이 도깨비를 고안하였다.

열역학 제2법칙이 시사하는 것이 광범위하지만 클라우지우스가 내린 해석은 이 법칙을 거의 별 것 아닌 것처럼 보이게 만든다. 사실 그는 럼퍼드, 카르노, 마이어, 줄, 켈빈, 그 외에도 일일이 거론할 수 없이 많은 사람들이 뛰어난 업적을 쌓은 다음에도, 과학이 할 수 있는 것이라곤 찻잔이 식는다고 선언하는 것밖에 없다고 토로하였다. 열은 찻잔에서 나와 공기로 흐르고, 그 반대로 되지는 않는다. 이는 열역학 제2법칙이 그렇다고 하니 그런 줄 아는 것이지, 1850년에는 아무도 이 법칙이 어디에서 왔는지 모르고 있었다. 뉴턴의 중력 법칙에 더 많은 설명이 필요하였던 것처럼 열역학의 창시자들은 열역학 제2법칙의 보다 깊은 뿌리는 아직 발견되지 않고 있다는 것을 잘 알고 있었다.

이 뿌리가 나오기 전에 난관 하나를 더 넘어야 했다. 열역학 제2법칙을 정량화할 필요가 있었던 것이다. 증기기관의 보일러에서 열이 나오면 어느 정도는 일로 변환되고 나머지는 버려진다. 그렇다면, 일로 변환되는 양은 얼마인가? 카르노식의 열역학 제2법칙에서는 열을 잃어버리는 것을 피할 수 없고, 따라서 기관의 효율은 떨어질 수밖에 없다는 것을 주장하지만, 정확한 수치를 제시하지는 않았다.

열역학 제2법칙을 명료하고 간단한 용어로 표현하고 나서, 클라우지우스는 곧 이 형태를 다시 바꾸어서 계산을 할 수 있도록 수학적 언어로 나타내는 작업을 시작하였다. 그 작업은 성공하였지만, 그는 대가를 치러야 했다. 열심히 노력하였지만, 그는 자신이 발견한 것을 에너지로 표현할 수 없다는 것을 알게 되자 새로운 용어를 만들어야 했다. 이것은 열을 설명하는 관념적이고 이론적인 양으로서 그는 이것을 '엔트로피'라고 불렀다.

맥스웰의 도깨비: 열과 시간의 비밀

7

# 단순한 것이 좋은 것이다: 엔트로피의 발견

엔트로피는 항상 증가한다는 열역학 제2법칙이 자연법칙 중에서 최고의 위치에 있다고 나는 생각한다.

*–Sir Arthur Eddington*

과학의 방법이 실험적 관찰과 수학적 분석 사이의 사실과 분석 간의 문답이라고 보는 일반적인 관념은, 너무 단순하고 2차원적이어서 과학의 정신이 깃들어 있는 보다 큰 인간 지성의 관점을 빠뜨리게 된다. 물리학자 제럴드 홀턴은 제3의 차원을 도입하고 이를 '과학(연구)의 과학 외적 동기 thematic content of science'라고 이름 지었다. 이로써 과학사에는 어휘가 늘어났고 우리는 과학적 방법에 대해 보다 깊이 있게 이해하게 되었다. 그의 관점에 따르면, 모든 과학적 사유의 바탕에는 과학 외적인 동기에서 오는 숨겨진 가정이나 본능적으로 갖게 되는 선입관 등의 몇 가지 단순한 동기가 있다. 이러한 것들이 결국에는 증거가 나와서 바뀌거나 없어질 수도 있겠지만, 처음에는 어떤 사실이나 이론에 영향을 받지는 않는다. 홀턴의 관점에서 보면, 과학은 실험 자료와 논리적 분석과 숨겨진 선입관이 뒤엉켜 있는 모습으로 나타난다.

물리학 분야에서는 계속적으로 이어지는 동기들이 몇 있는데, 홀턴은 물리적 과정이 진행되는 동안 변하지 않고 남아 있는 불변량 또는 불변식을 찾고자 하는 노력을 그중 하나로 꼽았다. 한 예로 마이어는 에너지 보존 법칙을 믿었는데, 이는 그가 이것을 영혼의 불멸성과 같은 것으로 보았기 때문이다. 제임스 줄의 경우에는 신이 만든 우주의 규칙이 있다는 믿음에서부터 에너지 보존 법칙이 나왔다. 이 두 사람의 철학적, 종교적 선입관이 강력한 과학적 바탕 위에 있는 것은 아니지만, 이런 것들이 동기를 부여하고 연구의 방향을 설정하였던 것이다.

과거에 있었던 또 다른 강한 동기로서, 홀턴이 '최대한의 함축parsimony'이라는 말로 적절하게 표현한 것이 있다. 오늘날 물리학에서 추구하는 궁극 이론과 같은 것이다. 최대한의 함축 원리에서는 최대한의 정보를 최소한의 표현으로 축약할 수 있는 이론의 능력을 중요시한다. 아인슈타인의 유명한 $E = mc^2$ 공식이 명성을 얻었던 이유 중에는 이것이 놀라울 정도로 많은 의미를 작은 틀 안에 포함하고 있다는 점도 있다. 맥스웰의 공식, 양자역학의 규칙, 일반상대성 이론의 기본 공식들은 근본에 대한 이론들이 갖추어야 할 '최대한의 함축'의 조건을 잘 만족하는 것들이다. 그것들은 잘 축약되어 있어서 티셔츠 하나에 전부 적을 수 있을 정도이다. 이와는 대조적으로 인간 게놈 프로젝트는 수십만 개의 유전정보를 정량적으로 얻어야 하는 것이라서 '최대한의 함축'과는 정반대의 경우가 된다.

'모든 이론의 숭고한 목적은 어떠한 경험적인 내용도 빠뜨리지 않고 제대로 나타내면서, 가장 바탕에 있는 근본적인 요소들을 가능한 한 단순하고 적게 만드는 것이다'라고 한 아인슈타인의 생각에 '최대한의 함축'의 정신이 함축적으로 들어가 있다. 달리 말하면, 이론은 가능한 한 단순하게 만들어야 하지만, 그렇다고 내용을 줄여서는 안 되는 것이다.

루돌프 클라우지우스도 최대한의 함축이라는 원칙에 따라서 일생 동안 열역학 법칙을 보다 잘 나타낼 수 있는 길을 모색하였다. 딱 맞는 문장을 추구하는 시인처럼 그는 이 주제에 여러 번 도전하여 결국 성공할 수 있었다. 그가 최종적으로 만든 공식은 '최대한의 함축'의 기념비이다.

줄이 측정한 열의 일 해당량이 옳다고 받아들이고, 카르노의 결과에서 오류를 수정한 후, 클라우지우스는 1850년에 (1) 에너지는 보존되고, (2) 열은 자연적으로 뜨거운 곳에서 찬 곳으로 흐른다고 선언하였다. 열역학의 두 법칙을 나타내는 이 문장은 분명 간결하기는 했지만, 이들이 서로 대응하는 모양이 아니기 때문에 질서를 중시하는 독일인 클라우지우스의 마음에 들지는 않았다. 첫 번째 명제는 (특히 헬름홀쯔에 의해) 정량적인 수학 공식으로 바뀌게 되었지만, 두 번째 것은 수학적인 내용은 없이 눈에 보이는 일상적인 관찰로만 되어 있다. 이런 불균형을 없애기 위해 클라우지우스는 1854년에 〈열역학 제2법칙의 다른 형태에 대하여〉라는 제목으로 두 번째 논문을 발표하였다.

그가 제안한 새로운 형태에서 클라우지우스는 열은 낮은 곳으로 흐른다는 그의 열역학 제2법칙 표현은 제쳐놓고 열기관은 열을 버려야 한다는 카르노의 오래된 명제로 되돌아갔다. 간단히 하기 위해 그는 마찰이 없는 완전히 가역적인 기관에 집중하였다. 그는 다음과 같은 정량적인 질문을 던졌다. "정해진 두 온도 사이에서 작동하는 가역적인 기관이 열을 받게 되면, 얼마가 일로 바뀌고 얼마가 낮은 온도 쪽으로 방출되겠는가?" 에너지 보존 법칙으로 이 두 미지수의 합이 사용된 에너지와 같아야 하며, 두 번째 법칙으로 두 숫자 중 어느 것도 0일 수는 없다. 그러나 이 두 미지수를 정하기 위해서는 새로운 공식이 필요하였다.

클라우지우스는 가역적 기관의 특성에 대한 계산을 하면서 단순한 패턴을 찾아내었다. 들어가는 열의 양과 연소실의 높은 온도 사이의 비율이, 항상 버리게 되는 열의 양과 냉각기의 낮은 온도 사이의 비율과 같았던 것이다. 이 놀랍고도 대칭성 높은 관계는 새로 도입된 절대온도로 계산할 때만 성립되었다. 이 온도 단위는 관례적으로 사용되던 임의적인 온도 단위 대신 물리적 원리에 바탕을 두고 만든 것으로서 나중에 켈빈 경이 된 줄의 친구 윌리엄 톰슨이 도입한 것이다. 온도를 화씨나 섭씨로 표현하면 이 관계는 성립하지 않는다. 더구나, 이 식은 비가역적 기관에 대해서는 적용되지 않아서 가역적 과정의 특성인 것처럼 보였다.

클라우지우스는 어떤 간단한 수학적 관계식이 발견되면 이것이 종종 중요한 통찰로 이어진다는 것을 알고 있었다. 균형이 맞추어진 시소와 같은 지렛대의 경우 한쪽에 있는 무게와 받침점까지의 거리의 곱은 다른 쪽의 그것과 같다는 지렛대의 법칙을 서술하면서, 아르키메데스가 처음으로 이러한 이론 물리학의 전통을 만들었다. 2천 년 뒤에 뉴턴은 상호 작용하는 두 물체가 있을 때 질량과 가속도를 곱한 값은 두 물체에서 같다는 사실을 발견하고, 이를 바탕으로 운동 법칙 이론을 만들었다. 같은 방식으로 열을 온도로 나눈 값이 일정하다는 사실은 열역학을 정량화하게 되는 단초가 되었다.

물리학 공식의 각 항들은 원래 서로 무관한 것이다. 예를 들면, 무게와 지렛대는 서로 다른 성질이라서 서로 다른 도구(저울과 자)를 이용하여 서로 다른 단위(파운드와 인치)로 측정된다. 마찬가지로 사과의 질량과 가속도는 서로에게서 독립적인 양이다. 지렛대 법칙과 뉴턴의 운동 법칙은 언뜻 보기에 서로 상관없는 성질들을 잘 배열시켜서 간단하지만 매우 유용한 방식으로 조합한 것이다.

그냥 보기엔 열을 온도로 나누는 것은 무게와 지렛대 길이를 곱하거나 질량과 가속도를 곱하는 것처럼 억지스러워 보인다. 열은 에너지 양을 측정하는 것이고 온도는 에너지의 강도를 측정하는 것이다. 이들을 짜 맞춘다는 것은 작위적으로 보인다. 이건 마치 치즈의 크기와 맛의 강한 정도를 나타내는 숫자를 곱하는 것과 같다. 그렇지만 이 식이 명확한 의미는 주지 않더라도 비율의 값이 일정하다는 사실은 틀림없었다. 가역적 기관의 에너지 출입을 완전히 분석하는 데 필요한 두 번째 공식이 만들어지게 된 것이다.

클라우지우스는 가역적 기관에서 비가역적 과정으로 연구를 이어갔다. 그는 "뜨거운 찻잔에서 새 나와서 찬 공기로 가고 대기로 퍼지게 되면 이 열과 온도의 비율은 어떻게 되는가"라고 물었다. 열역학 제1법칙은 여기에서도 전체 에너지는 변하지 않는다는 것을 보장한다. 단지 찻잔에서 대기로 열이 흐르는 것이다. 그러나 공기의 온도가 찻잔의 온도보다 낮기 때문에 열과 온도의 비율은 커지게 된다. 예를 들면, 330 K인 잔에서 1칼로리의 열이 300 K인 방으로 빠져나갔다면, 열과 온도의 비율은 1/330에서 1/300로 약 10퍼센트 커지게 된다.

클라우지우스는 가능한 한 많은 예에 대해 시험하였다. 그는 화학, 공학, 응용물리학, 순수물리학에서, 기체와 액체와 고체의 거동에서, 발표된 문헌에서, 자신의 경험에서, 그의 드림팀 동료에게서 열 전달의 가역적 과정과 비가역적 과정의 대표적인 경우에 대한 자료를 수집하였다. 그의 분석은 매번 같은 결과를 내놓았고, 마침내 그는 용기를 얻어 이것을 일반적인 법칙으로 발표하였다. 열과 절대온도의 비는 가역적 과정에서는 일정하고 비가역적 과정에서는 증가한다. 이것이 클라우지우스가 그의 논문 제목에 '열역학 제2법칙의 다른 형태'라고 말한 것이었고, 이것으로 마침내 이 법칙을 정량적으로 표현할 수 있게 되었다.

'최대한의 함축'의 원리에 따라서 클라우지우스는 여기에서 그치지 않고 완벽한 표현을 찾고자 노력하였다. 열에 대한 연구를 시작한 지 15년 후이고, 맥스웰의 도깨비가 나오기 2년 전인 1865년, 그는 자신의 생각을 담은 또 다른 논문을 〈활용하기 편리한 열역학 법칙의 다양한 형태〉라는 제목으로 썼다. 이때쯤에 그는 스스로 본질을 제대로 파악하고 있다고 확신하고, 이 신비스러운 비율을 보다 확고한 바탕 위에 두려는 목적으로 이름을 짓기로 하였다. 그는 그리스어와 라틴어에 조예가 깊은 독일 교수였으므로 적당한 용어를 쉽게 만들 수 있었다.

그는 이 열과 온도의 비율을 S로 나타내고, 다음과 같은 설명을 하였다.

> 과학에서 중요한 이러한 양들은 고대 언어에서 그 이름을 가져와서 현대 언어로 바꾸지 않고 그대로 소개되는 것이 좋겠다고 생각하므로, S의 양을 그리스어로 변환을 나타내는 엔트로피entropy라는 이름으로 부르기를 제안한다. 이 엔트로피라는 이름은 에너지라는 용어와 비슷하게 발음되는 단어 중에서 선택하였다. 왜냐하면 앞으로 이 이름으로 알려지게 되면 이 두 양은 물리적 의미에서 서로 긴밀하게 연결되어 있어서 이름이 서로 비슷한 것이 좋겠다고 생각하기 때문이다.

독일 학계의 훌륭한 전통에 따라 클라우지우스는 매우 고심한 끝에 이 이름을 선택하였다. 물리적 계의 상태를 나타내는 에너지와는 대조적으로 엔트로피는 자연적이든 인위적이든 상태 변화를 나타내기 때문에, 그는 변화를 의미하는 그리스어에서 그 이름을 따왔다. 과학자들은 이 용어를 받아들였고 급기야는 이 용어가 일상적인 대화에도 사용되게 되었으니 클라우지우스의 완벽주의는 제대로 보상을 받은 셈이다.

아르키메데스가 고안한 '무게와 지렛대 길이의 곱' 역시 고전어에서 나온 특별한 이름을 부여받아서 라틴어로 뒤틀림을 뜻하는 토크torque라는 이름으로 불리게 되었다. 그러나 지레가 열기관보다 훨씬 일상적인 것이지만, 토크라는 단어는 물리학 책과 자동차

정비소의 도구 상자에서나 찾아볼 수 있다. 반면에 엔트로피라는 단어는 아무 데서나 만날 수 있다. 열과 온도의 비율이라는 유용하지만 의미 없는 것을 지칭하는 약어로 시작하여 화학과 공학의 전문용어가 된 것이다. 나중에는 이것이 분자의 무질서한 정도와 열기관이나 다른 열적 과정에서 버려지는 에너지의 양을 나타낸다는 것이 알려지면서 우리가 우주를 알아가는 과정에서 에너지와 비견할 만한 위치에까지 오르게 되었다.

엔트로피라는 용어를 사용하면서 열역학 제2법칙은 오늘날 열역학 교과서에 나오는 모습을 갖추게 되었다. 즉, 가역적인 과정에서는 엔트로피는 변하지 않지만, 비가역적인 과정에서는 엔트로피가 증가한다. 그렇지만 클라우지우스는 이 정도로 만족하지 않았다. 이것이 간결한 표현인 것은 사실이나, '최대한의 함축'의 정신은 간결함에 더하여 넓은 적용 범위도 요구한다. 그래서 클라우지우스는 온 힘을 다해서 이에 매달렸다. 그는 1865년의 논문의 끝부분에서, 열역학 법칙을 간결함과 적용 범위에서 경외스러울 정도로 더 이상 줄일 수 없는 문장으로 마무리했다.

1. 우주의 에너지는 일정하다.
2. 우주의 엔트로피는 최대치를 향한다.

클라우지우스는 엔트로피라는 말로 거시적인 열과 절대온도의 수수께끼 같은 비율을 나타내었다. 엔트로피의 보다 깊은 뜻은 도깨비가 원자의 미시적인 세계로 길을 열면서 발견하게 되었다.

# 8

# 황금의 강: 우화

우주를 이루는 것은 원자가 아니다.
우주를 이루는 것은 이야기다.

—*Muriel Rukeyser, The Speed of Darkness*

*루돌프 클라우지우스가 두 법칙을 간명하게 표현하기까지는 성공했으나, 아직 아무도 엔트로피의 진정한 의미를 파악하지 못하였던 19세기 중반의 열역학 연구의 상황을 풍자한 우화이다.*

힌두쿠시 산맥의 한 외딴 계곡에 이상한 사투리를 하는 사람들이 살고 있었다. 이곳에서 어느 날 양치기들이 이상한 샘물을 발견하였다. 땅에서 솟아나는 휘황찬란한 샘물을 분석해보니 여기에는 금이 매우 많이 들어 있었다. 지질학자들이 이 부근을 탐색하고 이곳의 샘물을 강도強度, 즉 물 1갤론에 들어 있는 금의 무게로 표시되는 농도에 따라 분류하였다. 이곳의 과학자들은 오랜 언어 습관에 따라 이 농도를 '온도'라고 불렀다.

곧 이 금속을 추출하고 정제하여 팔 수 있는 공장까지 연결되는 수로가 만들어졌다. 사람들은 이렇게 얻어낸 금을 '에너지'라

불러서 '열'이라고 불리는 물에 들어 있는 금과 구분하였다. 처음에는 아무도 얼마만큼의 원료가 얼마만큼의 생산물이 되는지를 알아낼 생각을 하지 않았다. (오래전에 정신 나간 미국인 백작이 근처를 지나면서 이 둘의 양은 서로 같다고 하였지만, 이 말은 곧 잊혀졌다.)

사디라는 이름의 똑똑하고 젊은 기술자가 이 고장의 산업을 이끄는 동력이 된 이 공장을 철저히 분석하기 시작하였다. 그는 모든 공장이 이 고장의 강물에서 나오는 보통 물을 쓰고 있다는 점에 주목하였다. 화학적인 이유를 알 수는 없었지만, 공장에서는 계곡물의 금 농도를 강물의 금 농도 아래로 낮출 수가 없어서 공장에서 나오는 배출수에는 항상 금이 들어 있었다. 이 발견으로 그는 공장의 성능을 측정하는 방법을 고안하였다. 들어오는 물과 나오는 물의 금 농도 차이가 크면 클수록 공장의 효율은 높은 것이다.

이 방법으로 공장에 발을 들이지 않고도 단지 사용 전과 후의 물에 들어 있는 금 농도만 측정하여서 공장의 효율을 비교할 수 있게 되었다. 사디는 이 비교를 통해 이론적인 최대 효율이 있다는 것을 알게 되었다. 공장의 기계 속으로 잃어버리는 금이 있어서 공장의 효율은 항상 이 최대치보다 낮게 된다.

몇 년 뒤에 이상주의자 의사 로베르토와 현실주의자 양조업자 훌리오가 각각 독자적으로 전체 금의 양(물속의 열 또는 여기에서 추출한 에너지)은 항상 일정하다는 것을 알아내었다. 공장에 들어간 금의 양은 추출하고, 잃고, 버린 양과 같아야 한다는 것이다. 이 중요한 발견으로 녹아 있는 금과 추출한 금(또는 열과 에너지)의 양에 대한 관계를 알 수 있게 되어 이를 열역학 제1법칙이라 부르게 되었다.

얼마 있다가 클라우디오라는 물리학 교수가 사디가 한 일을 알게 되었고, 금이 아니라 물에 관점을 맞추어서 사디의 일을 설명하였다. 그는 금이 없는 순수한 물이라는 자연에서는 있을 수 없는 추상적인 개념을 도입하고, 이를 설명하기 위해 '엔트로피'라는 새로운 용어를 만들었다. 이 용어를 보다 명확하게 하기 위해 그는 이것을 이전에 정의된 용어와 연관지었다. 그는 들어 있는 금의 무게를 순수한 물의 부피로 나눈 값이 농도이므로, 물의 부피는 들어 있는 금의 무게를 농도로 나누어 얻을 수 있다는 사실을 지적하였다. 기술적인 용어로 말하면 이것은 '엔트로피는 열과 온도의 비율'이라는 것이다.

공장으로 들어가는 물과 나오는 물의 양이 서로 같다는 과감하고 새로운 가정을 바탕으로 그는 공장의 효율에 대한 사디의 연구 결과를 쉽게 설명할 수 있게 되었다. 에너지가 보존된다는 열역학 제1법칙에 그는 엔트로피 역시 변하지 않는다는 두 번째 법칙을 더했다. 클라우디오의 이 두 법칙으로 과학자들은 공장에서 돌아가는 일을 완전히 수학적으로 설명할 수 있게 되었다. 모든 것이 제자리를 잡은 것이다.

클라우디오는 더 나아갔다. 그의 관심은 가상의 공장과 공장으로 들어가는 파이프에서 그 고장에 있는 실제 강물의 흐름으로 옮겨갔다. 강물을 따라 내려가면 금의 농도가 줄어든다는 것은 오래전부터 알려진 일이었다. 과학자들은 '열은 뜨거운 곳에서 찬 곳으로 저절로 흐른다'라고 말한다. 낮은 온도로 흐르는 자연 현상을 어떻게 설명할 수 있을까?

클라우디오는 강에 들어 있는 금이 그냥 사라질 수 없다는 것을 알고 있었기 때문에 실제 강은 인공적으로 만든 파이프와는 다르다고 생각했다. 강물은 바다로 흐르는 동안 계속해서 지류에서, 숨어 있는 샘에서 그리고 비로 내리는 물을 모은다. 파이프 안에 있는 물의 흐름은 쉽게 되돌릴 수 있지만, 강물에서 일어나는 복잡한 과정은 조절할 수 없으므로 강물의 흐름은 되돌릴 수가 없다. 강물이 불어나면 강물은 희석되고 금 농도는 낮아진다. 이래서 클라우디오는 그의 열역학 제2법칙을 "인공적으로 만든 가역적 과정에서는 엔트로피가 변하지 않고, 자연적인 비가역적 과정에서는 엔트로피가 증가한다"라는 말로 좀 더 일반화하였다.

서양에서 온 여행자가 황금의 강이 있는 나라의 수도에 왔을 때, 중앙도서관에 그들이 물리 수업 시간에 배운 공식과 똑같은 공식이 들어 있는 완전한 열역학에 대해 설명하는 책이 있다는 것을 알아내고 크게 놀란다. 그러나 그들은 이 책이 광산학 영역으로 분류되어 있다는 사실을 알고 이를 이상스럽게 생각하게 된다.

*클라우지우스는 핵심적인 질문에는 답을 하지 않았다. 그것은 빅토리아 시대의 열역학에서 가장 근본적인 것이다. 즉 엔트로피라고 불리는 것의 본질이 무엇이냐는 것이다. 이것을 물질로 그것도 시간이 지나면 불어나는 물과 같은 것으로 상상하는 것은, 열을 칼로릭으로 잘못 해석하였던 만큼이나 잘못된 것이다. 좀 더 나은 설명이 꼭 있어야 하지만, 이는 거시적인 것에서 미시적인 것으로 초점을 급격하게 좁혀야만 가능한 일이었다. 열의 비밀은 물질의 가장 작은 부분에*

*숨어 있고, 이것을 발견하려면 숨겨져 있는 분자의 세계로 내려가야만 했다.*

맥스웰의 도깨비: 열과 시간의 비밀

# 9

# 당구 경기: 온도 이야기

자연이란 백만 곱하기 백만 곱하기 백만 개의 입자가 펼치는 천만 곱하기 천만 곱하기 천만 가지의 경기를 가리키는 일반인이 부르는 이름이다.

*–Piet Hein*

"나는 내가 연구하고 있는 대상을 실제로 작동하는 모형으로 만들지 못하면 만족할 수 없다. 이에 성공하면 나는 이해하는 것이고, 실패하면 이해하지 못하는 것이다"라고 켈빈Kelvin 경, 윌리엄 톰슨William Thomson은 말했다. 모형이란 말 그대로 인공적으로 만들어진 것이다. 어느 문명이나 그 안에는 모형이 하는 역할이 있다. 고고학 박물관의 전시 상자 안에는 사람과 동물 모형이 그들의 일상 생활용품과 함께 들어 있다. 집집마다 볼 수 있는 선박, 군인, 자동차, 기차, 비행기, 공룡 등의 모형은 사람들이 모형을 얼마나 좋아하는지를 잘 보여준다. 과학에서도 이런 장난감 대신에 태양계에서부터 19세기 물리학자들 사이에서 가장 인기가 높았던 물질의 구조까지 모든 것을 모형으로 만들어 왔다. 켈빈이 모형에 집착하였던 것은 좀 극단적인 감이 없지 않지만, DNA의 이중나선 구조가 철탑처럼 생긴 모형의 도움으로 밝혀졌다는 사실은 오늘날에도 모형이 자연을 이해하는 데 중요한 역할을 한다는 것을 잘 보여주고 있다.

물리학이 고도화되면서 '모형'의 정의는 실제 형상을 가질 수 없는 수학적 모형으로까지 확장되었다. 수학적 모형이란 어떤 현상에서 불필요하거나 복잡한 부분은 빼고 그 현상의 기본적인 내용을 나타낼 수 있도록 이론적으로 이상화시켜 묘사하는 것이다. 갈릴레오의 자유 낙하 법칙은 수학적 모형의 좋은 예이다. 이것은 진공 속에서 깃털이나 망치가 떨어지는 방식을 설명하지만, 여기 지구상에서는 공기의 저항을 무시하기 때문에 우리가 주변에서 실제로 보는 것과 잘 맞지는 않는다. 이보다 훨씬 복잡하지만 별의 내부를 설명하기 위해서 초고속 컴퓨터에 입력하는 방정식도 원리상으로는 갈릴레오의 법칙과 같고, 이 역시 수학적 모형이다.

수학은 함축적이라서 종종 하나의 방정식으로 비슷한 일이 벌어지는 서로 다른 현상을 묘사하기도 한다. 예를 들면, 시계추가 좌우로 흔들리는 운동은 바이올린 줄의 진동과 똑같은 방정식으로 설명된다. 이런 일이 생기면 수학적 모형은 감각을 통해서 피상적으로 서로 다르게 느껴지는 현상 사이에 감추어진 유사성을 드러낸다. 이것은 아인슈타인이 말한 "세상에 대한 보다 단순 명료한 이미지"로 한 단계 나아갈 수 있게 하고, 윌리엄 블레이크가 좀 더 서정적으로 표현한 것처럼 "한 줌의 모래에서 세계를 볼 수 있도록" 한다. 20세기 초에 닐스 보어는 태양계를 수소 원자의 모형으로 사용하여 블레이크와는 정반대의 시각으로 자신의 관점이 갖는 한계를 뛰어넘었다.

물리학에서 가장 오래된 것이면서 아직도 가장 강하게 상상을 자극하는 모형이 원자에 대한 가설이다. 리처드 파인만은 이런 가설을 "원자의 진실이든 뭐든"이라 부르며 용어보다는 그 의미 자체에 비중을 두었다. 이 세상이 겉보기에는 단단하고 연속적인 것으로 보이지만 사실은 보이지 않는 무수한 알갱이로 채워져 있는 빈 공간이라는 그 이상스러운 생각이 어디에서 왔는지는 분명하지 않다. 2천 년 동안 원자 모형은 단지 꿈처럼 부질없는 추측일 뿐, 이 모형에는 엄밀한 수학으로 나타내어서 그 결과로 감각세계의 경험적 증거와 비교할 수 있는 것이 하나도 없었다.

그러나 마침내는 실제 세계와 만나게 되었다. 18세기에 기체를 당구공에 비유한 모형이 나와서 원자론을 예측할 수 있는 능력이 있는 유용한 모형으로 탈바꿈하였다. 과학자들이 처음부터 구체성이 있는 이 원자 모형을 기체의 특성 탐구에 이용한 것은 당연한 일이었다. 고체와 액체의 기계적, 광학적, 열적 성질과 음파에 대한 반응 특성은 구성하고 있는 원자나 분자의 크기와 모양뿐 아니라 이들을 묶고 있는 결합력에 따라 바뀌게 된다. 그래서 원자만 따로 떼어서 실험할 수 없기 때문에 개별 원자의 세세한 내용은 알 수가 없다. 반면 기체의 경우 원자들은 서로 멀리 떨어져 있어서 서로에게 미약한 영향만 주기 때문에 원자간 상호작용 등 여러 가지 성질의 대부분은 중요하지 않게 된다. 단지 그들을 담고 있는 용기 벽에 부딪히는 사건만이 문제가 된다. 기체의 거동에 대한 법칙은 자동차의 크기, 모양, 기계적 사양 등은 고려하지 않고 고속도로의 교통량을 묘사하는 공학적 공식과 비슷하다. 교통량이나 기체의 거동을 설명하는 데는 거기에 있는 것들의 수와 속도만 알면 충분하다.

기체에 대한 여러 법칙은 매우 간단하다. 일정한 양의 기체가 갖는 압력과 부피의 관계를 생각해보자. 세게 누르면 누를수록 부피는 줄어든다. 공기 펌프 손잡이를 누르면, 펌프 통 속 공기의 부피는 줄어들고 동시에 압력은 늘어난다. 압력이 충분히 커지면 자전거 타이어의 압력을 이기게 되고 타이어는 부풀게 된다. 수학적으로 이 법칙은 부피가 줄면 압력이 늘고, 부피가 늘면 압력이 준다는 부피와 압력의 역비례 관계로 간단하게 표시된다.

다니엘 베르누이Daniel Bernoulli가 쓴 〈유체역학Hydrodynamica〉(1738)은 유체에 대한 이론적이면서도 실용성 있는 논문으로서 부피와 압력의 역비례 관계를 설명하는 데 많은 기여를 했다. 베르누이의 식구는 플랑드르 사람이지만 신교를 믿었기 때문에 네덜란드에서 스위스로 옮겨왔다. 음악에 바흐 가문이 있다면 과학과 수학에는 베르누이 가문이 있다고 할 정도로 이 가문은 과학과 수학 분야에서 많은 인재를 배출하였다. (이 집안 식구들의 명예욕은 대단하였다. 한 예로, 다니엘의 아버지도 유명한 과학자로서 《수력학Hydraulica》이라는 책을 썼는데, 여기에는 유체역학의 내용이 일부 들어가 있었다. 그는 자기 아들보다 먼저 명예를 차지하려고 아들의 〈유체역학〉보다 앞서 1732년에 이 책을 출판하였다.)

다니엘 베르누이는 공기를 예로 들어 기체는 서로 부딪히는 일은 거의 없이 빠르게 이리저리 움직이고 있는 무수히 많은 작은 입자로 이루어졌다고 가정하였다. 그는 이들 분자가 단단하고 탄성이 있다고 생각하였기 때문에 작은 당구공으로 상상하였다.

베르누이의 모형에 따르면 (용기 벽에 1제곱인치당 기체가 가하는 힘으로 정의되는) 압력은 용기 벽에 입자가 쉬지 않고 부딪혀서 나오는 것이다. 여기 한 변이 1피트인 정육면체 상자에 공기를 채워 넣었다고 생각해보자. 상자의 각 변의 길이를 두 배로 늘리고 입자의 수나 속도를 그대로 둔다면, 입자가 벽에 한 번 부딪히면서 가하는 힘은 변함이 없을 것이다. 그렇지만, 입자가 늘어난 상자의 다른 쪽으로 갔다가 돌아와 다시 부딪히는 데 걸리는 시간이 두 배로 늘어나기 때문에 매초 충돌 횟수는 반으로 줄어들 것이고, 모든 벽에 가해지는 힘은 반으로 줄어들 것이다. 동시에 압력은, 단위면적에 가해지는 힘이므로, 각 면의 면적이 네 배로 늘어났기 때문에 (즉 여섯 면 각각의 면적은 1제곱피트에서 4제곱피트로 늘어났으므로) 4분의 1로 줄어들 것이다. 이 두 가지 효과를 종합하면 압력은 8분의 1로 줄어든다. 이것은 변의 길이가 두 배로 늘면서 부피가 늘어난 비율과 잘 맞는다. 압력이 8분의 1로 줄면서, 동시에 부피는 8배 늘어난 것이다. 이렇게 이 모형은 압력과 부피는 서로 역비례 관계가 있다는 법칙을 잘 설명해준다.

기체에 대한 베르누이의 당구공 모형은 오랜 시간에 걸친 시험을 통과하였다. 이 모형은 원자가 실제로 존재한다는 사실이 받아들여지기 훨씬 전에 만들어졌고, 양자역학과 상대성 이론으로 우리가 원자를 생각하는 방식도 바뀌었지만, 이 모형의 효용성은 변함이 없다. 더욱이 이 모형은 학교에서 실험 실습 시간에 공기의 거동을 시각적으로 설득력 있게 설명하기 위한 방법으로 탁구공을 이용해서 보여줄 수 있기 때문에, 직접 느낄 수 있는 감각의 세계에서는 느낄 수 없는 원자의 세계를 개념적으로 이해하는 데 유용한 도구로 이용되기도 한다.

그러나 모형으로 할 수 있는 일은 여기에서 그치지 않는다. 베르누이는 행성과 당구공을 관찰해서 유도된 뉴턴의 법칙이 원자의 세계에서도 적용될 수 있는 부분을 찾아내었다. 원자들이 뭉쳐서 고체와 액체가 되거나 상호 작용하여 화학적 변화를 겪게 되면 뉴턴의 운동 법칙은 도저히 적용할 방법이 없다. 그렇지만 베르누이는 기체 입자의 움직임에 대해서만 초점을 맞추어 그의 시대에 알려진 유일한 기본 물리 법칙이 물질의 기본 단위에도 적용될 수 있도록 한 것이다. 이렇게 하여 그는 원자 가설을 철학의 영역에서 끄집어내어 처음으로 물리학의 영역에 자리 잡게 하였다. 베르누이는 원자 모형으로 완벽하게 설명되는 몇 대상을 발견하였고, 이를 통해 사람들은 원자가 존재한다는 사실을 보다 쉽게 받아들였다.

당구공 모형에 대해 베르누이는 한 가지를 더 제안하였다.

> 공기의 탄성은 압축되어도 증가하지만 데워져도 증가한다. 그리고 열은 입자의 운동을 증가시키는 것으로도 이해되고 있기 때문에 … 이것은 공기 입자의 운동이 더 활발해짐을 말한다.

이것은 열은 운동이라는 관점을 정량적으로 나타내는 방법이다. 그러나 럼퍼드 백작보다 두 세대나 앞서 나온 베르누이의 모형은 너무 이른 감이 있었다. 원자의 개념이 어려운 시기를 겪으면서 보다 성숙되고, 실제 기체의 거동이 보다 많이 연구되고, 열의 칼로릭 이론이 사라지고, 에너지 보존 법칙이 발견되고, 열의 일 해당량에 대한 개념이 나오고 측정된 후에나 베르누이의 이론이 결실을 맺게 된다. 놀랍도록 잘 들어맞는 베르누이의 모형은 잊혀졌던 것이다. 그러나 백 년 뒤에 재발견되어서 좀 더 가다듬어진 다음엔 바로, 이제 막 등장하기 시작한 열역학을 시험할 수 있는 중심적인 도구로 사용되었다.

우리가 일상생활에서 느끼는 열에 공기와 같은 기체는 중요한 역할을 하지 않는다. 우리가 열의 거동을 느끼게 되고 이해하는 데에는 풍선이나 공기 펌프보다는 뜨거운 차나 차가운 목욕물이 더 큰 역할을 한다. 집 밖으로 나가면 주로 공기의 흐름으로 춥고 더운 것을 느끼게 되지만, 이조차도 공기가 이동시키는 열과는 관계없는 태양 직사광선의 복사열에 종종 묻혀버린다. 그러므로 럼퍼드와 줄이 수행한 열에 대한 최초의 정량적인 실험이 공기가 아닌 물을 데우는 현상에 대해 이루어졌다는 것은 어쩌면 당연한 것이다. 그러나 일단 기체 상태가 보다 간단한 대상이라는 것이 알려진 후부터 열을 연구하는 사람들은 이 덜 친숙한 물질의 상태를 열심히 연구하였다. 줄은 일찍이 1847년 당구공 모형에 대한 강연을 한 적이 있고, 10년 뒤에 클라우지우스는 〈우리가 열이라고 부르는 어떤 종류의 운동에 대해서〉라는 시적인 제목으로 한 강연에서 이 모형에 대한 견고한 수학적 바탕을 제시하였다.

당구공 모형을 수학적으로 처리하는 데 있어서의 핵심은, 열이란 단지 각 분자가 갖는 운동에너지의 총합이라는 점을 깨닫는 것이다. 그래서 럼퍼드가 열의 진정한 본질에 대해 추측하면서 했던 수수께끼 같은 말은 최소한 기체에 관해서만큼은 정량적인 내용으로 정리될 수 있었다. 동시에 이 모형으로 다른 열역학적 양이 설명되었다. 켈빈이 제안하고 클라우지우스가 엔트로피를 정의할 때 사용하였던 절대온도가 온도에 대한 미시적 해석을 제시한 것이다.

열기구는 기체를 데우면 팽창한다는 상식을 멋지게 적용한 경우이다. 반대로 겨울에 타이어가 납작해지는 것에서 알 수 있듯이 온도를 낮추면 기체의 부피는 줄어든다. 이런 성질은 모든 기체에 적용되는 보편적인 규칙으로서 온도라는 개념에 있는 기본적인 의미를 나타낸다. 여러 가지 기체에 대해 세밀하게 측정한 결과에 따르면 영하 273.15도로 온도를 낮추면 기체의 부피는 0이 된다. 0보다 작은 부피는 있을 수 없으므로 영하 273.15도는 내릴 수 있는 가장 낮은 온도가 된다.

톰슨은 생각할 수 있는 가장 낮은 온도를 0도로 설정하는 멋진 생각을 하였고, 이 온도를 절대 0도라고 불렀다. 그는 얼음이 녹는 온도를 273.15도로 고정하고 온도 눈금의 크기를 섭씨온도와 같게 하였다. 그 결과로 탄생한 온도 단위를 켈빈의 이름을 따서 켈빈 온도(단위)라고 하는데, 여기에서 0도는 이전 온도 단위에서의 0도처럼 임의적인 것이 아니라 물리학적으로 중요한 의미를 갖는 온도이다. 이것은 산의 높이를 잴 때 산 밑 골짜기의 어떤 지점에서부터 재는 것이 아니라 지구 전체의 측량 기준인 해수면에서부터 재는 것에 비유할 수 있다. 온도를 보다 물리적인 바탕 위에 정의한 절대온도는 열역학 법칙을 훨씬 간단하게 만들었으며, 온도의 개념을 분자를 기준으로 해석하는 길을 열었다. 절대온도로 측정하면 온도는 바로 당구공 또는 분자의 평균 운동에너지가 된다.

이 분자 수준의 해석은 추상적인 온도의 개념에서 나오는 많은 의문점을 제거하였다. 첫째로 이것은 절대 0도의 본질을 설명한다. 모든 움직임이 그치면 분자의 운동에너지는 0이고, 이것이 낮아질 수 있는 최소한이다. (사실은 절대 0도에서 분자의 무작위 운동만 완전히 멈춘다. 원자 안의 전자, 양성자, 중성자, 핵 속의 쿼크가 하는 규칙적이고 주기적인 운동은 멈추지 않는다.)

이 분자 수준의 해석은 온도와 열의 차이를 설명해준다. 온도계는 온기(열)의 양이 아니라 세기를 잰다. 즉, 온도는 치즈 맛의 강한 정도처럼 측정하고자 하는 물질의 일부분에서 측정할 수 있다. 반면, 열은 온기의 총합을 나타낸다. 치즈 덩어리의 전체 양처럼, 이것은 기체의 전체 질량에 따라 바뀐다. 당구공 모형에는 이 차이점이 잘 반영되어 있다. 이것은 온도를 물질의 가장 작은 부분, 즉 분자 하나를 관찰하여 측정할 수 있도록 해준다. 당구공 모형이 오늘날 사용되는 온도 단위보다 먼저 나왔다면, 일기예보는 '지금 뉴욕은 온화한 아침을 맞고 있습니다. 공기 분자의 평균 운동에너지는 $5.1 \times 10^{-21}$ 줄이지만, 오후에는 $5.3 \times 10^{-21}$ 줄로 올라가서 더워질 것으로 예상됩니다'같은 식이 되었을지도 모른다. 그리고 모든 세상 사람들은 이런 숫자들이 무엇을 말하는지 본능적으로 금방 알아들을 수 있을 것이다. 왜냐하면, 이 숫자들은 우리가 익숙해진 보통의 온도 단위와 과학적 의미에서 같은 것이기 때문이다.

19세기 중엽엔 당구공 모형으로 중요한 것 하나만 빼고는 기체의 모든 성질을 설명할 수 있었다. 열, 온도, 압력, 밀도, 무게 등은 모두 분자가 있다고 가정하고 이들의 질량과 속도를 추정한 값으로 잘 설명할 수 있었다. 이 하나만 빼곤 기체에 대한 모든 거시적인 관찰은 감각적으로 머릿속에 그릴 수 있는 분자에 근거하여 설명할 수 있게 되어, 이 모형은 켈빈 경 같은 사람들도 열역학을 이해할 수 있도록 하는 혁혁한 공을 세웠다.

단 하나 남아 있는 중요한 점이란, 당구공 모형으로 클라우지우스가 제안한 열과 온도의 비율, 즉 엔트로피라는 새로운 개념을 설명할 수 있는지의 여부이다. 이 정의 때문에 엔트로피의 양의 의미는 수수께끼 같이 되었다. 한 물체의 위치와 무게를 묶은 토크나 한 물체의 질량과 가속도를 엮은 힘과는 달리, 엔트로피는 전혀 상관없는 두 개의 성질을 엮은 것이다. 열은 거시적인 것이고 수조 개의 분자 집단에 대한 것인 반면, 온도는 대표성 있는 평균치의 분자 하나에 대한 미시적인 것으로 밝혀졌다. 엔트로피를 이해하기 위해서는 부분과 전체의 관계, 즉 어떻게 분자들이 모여서 우리가 느끼는 세계를 만드는가에 대한 보다 세밀한 연구가 필요하다.

# 10

# 줄 타는 도깨비: 우연, 그리고 확실성의 상실

확실한 것은 우리의 능력으로 진실을 가려낼 수 없을 때는 진실일 가능성이 가장 높은 것을 추구해야 한다는 것이다.

*–René Descartes*

아이작 뉴턴Isaac Newton은 소년 시절 나무로 마을에 있는 풍차를 본 딴 소형 풍차를 만들었다. 그러나 그는 빌라르 드 오네쿠르나 로베르트 마이어처럼 현실성이 없는 시도는 하지 않았다. 대신, 실내에서 작동시킬 생각으로 (영구기관으로서) 쳇바퀴를 달고 대체 동력으로서 그가 '방앗간 머슴'이라고 불렀던 쥐가 이것을 돌리게 했다. 나중에 장난감 모형 대신 뉴턴 철학의 요체인 보다 추상적이고 수학적인 모형을 연구하면서 사물을 정교하게 복제하려는 그의 정열은 깊고 성숙해진다. 두 세기 반 뒤, 역시 사물의 원리에 매우 관심이 많았던 알베르트 아인슈타인은 소년 시절에 세상을 보다 정적이고 사변적인 방법으로 들여다보았다. 그가 서너 살 적에 아버지가 보여 준 나침반을 보고 강한 호기심을 느꼈던 적이 있었는데, 이것이 그의 어린 시절에 대한 기억 중 가장 생생한 것이다. 그는 바늘이 보이지 않는 힘에 의해 움직이는 것을 지켜보면서 흥분으로 몸을 떨면서, 나침반의 겉모습 뒤에 깊이 숨어 있는 그 무엇인가의 존재를 느꼈다. 그는 우리가 경험하는 현상의 궁극적인 원인을 탐구하는 데 자신의 일생을 바쳤으며, 실제 세상에 대한 기계적 모형이나 수학적 모형만으로는 만족하지 않았다.

심각하고 내성적이었던 이 두 소년과는 대조적으로 제임스 클럭 맥스웰James Clerk Maxwell은 소년 시절에 장난꾸러기였고 훨씬 사교적이었으나, 그 역시 이 세계의 원리에 대해 호기심이 많았다. 그가 여덟 살이었을 때 어머니를 잃은 후부터 그의 아버지는 아들과 무척 가까이 지내면서 배움은 혼자서 추구하는 것이 아니라 함께 즐거움과 감동을 나누는 길이라고 가르쳤다. 그래서 맥스웰은 처음에는 가족과 그리고 나중에는 점점 더 많은 친구와 동료, 그리고 학생들과의 공동 연구로 과학에 접근하였다. 어렸을 적엔 새로운 것을 볼 때마다 그가 처음 하는 것은 질문이었다. 제임스가 말을 배우기 시작하였을 때부터 "저건 뭐 하러 있는 거야?", "이건 뭐 하는 거야?"라는 말은 스코틀랜드 고지에 있는 맥스웰 영지의 저택에서 매일같이 듣는 후렴구였다. 너무 일반적이거나 모호한 답으로는 이해하고자 하는 그의 갈망을 충족시킬 수 없었다. "그런데 그건 왜 꼭 그래야 하는 거야?"라고 그는 고집스럽게 물었고, 대부분의 경우엔 그의 아버지였지만 누군가는 보다 자세한 설명을 하는 수고를 해야 했다.

1843년, 맥스웰이 열두 살이 되었을 때, 그는 줄 타는 도깨비devil-on-two-sticks라는 장난감 놀이를 배우게 되었다. 이 놀이는 두 개의 원뿔의 꼭지 부분을 서로 맞대어 연결하여 모래시계처럼 만든 밝은 색의 나무 팽이와 양 끝에 막대기를 단 줄로 하는 것이다. 마술사 맥스웰은 두 막대기를 잡고, 줄 위에 팽이를 눕혀 중심을 잡은 다음 요요처럼 팽이를 줄을 따라서 내려가고 올라오게 하는 식으로 굴릴 수 있었다. 그렇게 하고서는 손목에 스냅을 주어 팽이를 공기 중으로 튕겨 올린 다음 느슨하게 또는 팽팽하게 한 줄 위로 다시 받아내곤 하였다. 제임스는 곧 이 놀이에 도사가 되어서 이 도깨비가 공중에 있는 짧은 시간 동안 줄을 넘거나 한 바퀴 돌거나, 두 번째 도깨비를 올려놓거나 하는 등 그가 고안해낸 여러 가지 재주를 부렸다.

맥스웰이 사망한 지 오랜 시간이 지난 뒤에 이 놀이는 디아블로라는 이름으로 전 세계의 아이들은 물론 어른들의 사랑을 받는 놀이가 되었지만, 19세기 중반 스코틀랜드에서는 그저 아이들의 평범한 장난감 놀이였다. 이것을 마술처럼 갖고 놀기 위해서는 뛰어난 상상력이 필요했다. 느슨한 옷을 감각적으로 입고 아버지가 만들어준 끝이 뭉툭한 신을 신은 곱슬머리를 한 어린 맥스웰이 이 별난 놀이에 온 정신을 쏟으며 점점 더 어려운 재주를 부리려고 큰 갈색 눈에 깊이 골몰하는 표정을 짓는 것을 보고, 친구나 이웃 사람들은 관대하고 호기심 어린 마음으로 미소를 지었을 것이다. 그는 이 도깨비(스코틀랜드 고원 지방 사투리에서는 devil을 de'il로 발음한다) 놀이에 빠져들었고 친구들도 끌어들였다. 한참 뒤, 한때 뉴턴이 있었고 현재는 스티븐 호킹이 있는 캠브리지의 트리니티 대학의 연구원이 되어서도 그는 여가와 운동을 위해 체육관에서 도깨비 놀이를 계속하였다.

맥스웰은 이 도깨비 놀이가 생명이 없는 자연과 인간의 의지가 겨루는 것이라는 것을, 소년 시절에는 직관적으로, 장성해서는 논리를 통해서 깨닫게 되었다. 인내와 연습으로 그는 언제나 불변의 동역학 법칙을 확실하게 장악하는 것이 우선되어야 한다는 것을 깨우치면서 이 물건이 그의 뜻에 따라 움직이게 하는 법을 배울 수 있었다. 그가 어렸을 때는 희미하게 느꼈고 나중에 장성해서는 수학의 엄밀한 언어로 표현할 수 있었던 이 법칙은 도깨비에게 의지를 불어넣어 준 것 같아 보인다. 회전의回轉儀처럼, 도깨비는 자신의 회전 축 방향을 바꾸지 않는다. 이것은 명령에 따라 어느 방향으로든 날아가지만 고집스럽게 방향 바꾸기는 거부하는 것이다. 이것은 허공에서는 돌덩이처럼 떨어지지만, 줄 위에서는 우아한 줄타기 광대처럼 중력의 힘을 따르지 않았다. 이 모든 일에서 어린 맥스웰은 도깨비의 주인이었다. 그는 도깨비의 특성을 이해하였기 때문에, 마음대로 조절할 수 있었던 것이다.

이 줄 타는 도깨비는 맥스웰이 물리학에 접근하는 방식을 상징적으로 보여준다. 이것은 풍차가 뉴턴의 방식을, 나침반이 아인슈타인의 방식을 상징하는 것과 비슷하다. 친구에게 보내는 편지에서 맥스웰은 에딘버그 대학교에서 무엇을 배우는지를 설명하면서 "역학 수업시간에 나는 일종의 도깨비를 굴리고 있다"라며 물리학 문제 풀이를 도깨비 다루기를 익히는 과정에 비유하였다. 그에게 물리학 연구는 공중으로 던지고, 이곳저곳에서 들여다보고, 찔러보고 굴려보면서 그에게 순순해질 때까지—그가 주인이 될 때까지—문제를 갖고 노는 것이었다. 그는 일생 동안 이런 종류의 도깨비를 굴렸다.

맥스웰이 과학에 기여한 주요 업적은 전기와 자기의 법칙들을 통합하여 하나의 수학적 틀로 만든 것이다. 그는 못이 자석에 끌리는 힘에서부터, 겨울에 빗질하면 생기는 정전기, 복잡한 발전기와 전자기기, 그리고 광학과 복사열에까지 이르는 전자기적 현상의 모든 것을 '맥스웰 방정식'이라 불리는 짧은 공식 네 개에 담을 수 있다는 것을 보였다. 이 이론으로 맥스웰은 기본 원리만을 이용하여 최초로 빛의 속도를 계산할 수 있었고, 라디오파가 실험적으로 입증되기 20년 전에 이것이 존재한다는 것을 예측할 수 있었다. 그의 이론은 거대한 통합 이론으로서 모든 기계적인 일을 세 개의 운동 법칙으로 종합한 뉴턴의 이론과 맞먹는 것이고, 무관해 보이는 두 가지 상대성 원리를 이용하여 뉴턴의 역학과 맥스웰의 전자기학을 조화시킨 아인슈타인의 업적과 맞먹는 것이다.

맥스웰의 업적에는 다루고 익혀서 이해하는 줄 타는 도깨비식 방법이 그 바탕에 있었다. 전기, 자기, 빛, 복사열은 일상적인 현상이고 우리의 감각에 와 닿을 수 있고, 실험적으로 다룰 수 있는 것이다. 맥스웰은 같은 시대에 살았던 그 누구보다도 명료하게 이론 물리학은 항상 실험에 근거를 두어야 한다는 것을 잘 알고 있었다. 그래서 그가 주장한 것은 하나같이 아슬아슬한 수학의 줄타기에서 안전한 직접적인 감각과 경험의 땅으로 내려왔다.

그러나 이런 눈부신 성공이 있었지만, 맥스웰의 방법은 결국에는 한계에 이르렀다. 그가 열역학에 대해, 그리고 이것이 원자와 분자의 성질에서부터 나오는 방식에 대해 생각하기 시작하면서

부터 그는, 줄 타는 도깨비에게서 배운 교훈이 적용될 수 없는, 직접 만지고 보며 경험할 수 없는 세계로 들어서게 되었다. 그가 어려서부터 즐겼던 놀이를 포기해야 한다면, 무엇이 그 자리를 대신할 수 있을까?

그는 1870년 리버풀에서 있었던 영국과학진흥협회 모임에서 회장 인사말로 한 빅토리아풍의 웅변에서 이 전환점에 대해 설명하였다.

> 나는 미세함과 강력함의 성전으로 이끌려갔다. 여기에는 분자들이, 굉장한 충격으로 서로 부딪히고, 더 굉장한 힘으로 서로 결합하여서 모르는 사이에 눈으로 볼 수 있는 형체를 이루는, 그들만의 존재 법칙을 따르고 있었다.

원자가 존재한다는 사실이 보편적으로 받아들여지기 수십 년 전에, 그리고 실제로 원자를 볼 수 있기까지 한 세기 전에, 이미 맥스웰은 원자의 세계를 생생하게 보고 있었다. 그리고 그는 '모르는 사이'라는 표현에 대해 무척 불편하게 생각했을 것이다. 그러나 그는 분자가 '왜 꼭 그래야 하는지'를 알아내지 못하는 것보다 현실성이 떨어지게 되는 것을 더 걱정하였다. 그의 연설은 다음과 같이 이어졌다. "누가 나를 수학자의 정신 작용과 분자의 (물리적) 움직임 사이의 진정한 관계가 드러나는 세계, 사고와 사실이 결합한 세계, 그러나 아직도 감추어져 있고 아직도 모든 것이 흐릿한 세계로 이끌 것인가? 이전에 갔던 탐구자들이 남기고 간 것으로 어지러워진, 모든 과학자가 가기 싫어하는 형이상학자의 은둔지로 가는 길은 아닌가?"

수학과 실험적 사실 사이의 진정한 관계를 찾는 것이야말로 물리학자의 탐구 정신의 핵심이고, 이것을 형이상학으로 전락시키는 것은 탐구 정신의 종말을 의미하는 것이다.

아이작 뉴턴은 일생을 통해 기계적 세계관을 잘 유지하였다. 그의 법칙은 현실성이 있는 정교한 모형을 제공하고, 그가 어렸을 때 데리고 놀았던 조그만 방앗간 머슴 대신 신이 천상의 방앗간 주인으로서 그 모형 속의 기계 전체를 움직인다. 알베르트 아인슈타인도 어릴 적의 통찰을 포기하지 않았다. 그는 지구의 자기장이 나침반 바늘을 움직이는 것처럼, 보이지 않지만 이 우주에 꽉 들어차서 우주에 영향을 주는 중력장과 전자기장에 놓여 있는 물질세계의 궁극적인 실제를 발견하였다. 맥스웰만 중간에 자신의 방식을 바꾸어야 했다. 그답게, 맥스웰은 어떤 길로 가야 하나를 묻지 않고 누가 그에게 옳은 길을 가르쳐 줄 것인가를 물었다. 사물보다는 사람이 그에게는 언제나 더 중요했던 것이다.

맥스웰이 그의 친구 줄 타는 도깨비를 져버린 일은 그 당시 물리학이 겪은 커다란 변화를 잘 보여준 사건이었다. 고대로부터 운동의 과학인 동역학은 볼 수 있고 대부분의 경우에는 움직일 수 있는 물체에 적용되었으며, 물체의 실체 자체는 문제가 되지 않았다. 뉴턴의 방법의 골자는 물체에 작용하는 힘을 알아내고, 수학적으로 물체가 움직이는 과정을 예측하여, 이 예측을 직접 관찰하는 사실과 비교하여 검증하는 것이다. 여기에는 동역학 계는 반드시 예측 가능한 방향으로 움직인다는 가정이 깔려 있다. 도깨비가 복잡하고 어려운 방식으로 회전하는 것처럼 보여도, 이것은 언제나 확실한 것이다.

분자의 세계로 오게 되면, 경기의 규칙이 갑자기 바뀌게 된다. 우선 분자라는 것의 실체가 불분명하였다. 그러나 이것은 맥스웰에게는 문제가 되지 않았다. 그는 잘못된 길로 들어서는 것을 걱정하지는 않았다. 분자란 것이 레우키푸스, 데모크리투스, 루크레티우스와 그의 추종자들이 만들어낸 상상의 산물일 뿐이라면, 그는 기꺼이 당구공 모형을 버릴 수도 있었다. 그가 진정으로 걱정했던 점은 분자가, 보기에는 너무 작고 하나하나 따지기에는 너무 많고 잡기에는 너무 빠르다는 사실이었다. 분자의 "미세함과 강력함의 성전"에서 그는 어릴 때부터 익숙해진 조종 능력을 더 이상은 갖지 못하게 되었다. 그는 확실함이라는 사치를 잃은 것이다.

그러나 전체를 다 알 수 없으면, 부분적인 정보만 갖고서도 할 수는 있다. 그가 확실한 것을 잡지 못하면, 그는 차선책으로 만족할 것이다. 그래서 그는 확률을 생각하였다. 이것은 원자 세계에는 입자가 무수히 많기 때문에 생각해낸 부득이한 일이었지만, 맥스웰이 이렇게 방향 전환을 한 것은 엔트로피를 제대로 이해하는 길로 들어서는 결정적인 사건이었다. 맥스웰 자신은 그의 목적을 달성하지 못하였지만, 통계학이 물리학의 새로운 도구가 될 수 있다는 그의 발견이 없었다면, 엔트로피는 쓸모는 있지만 별 의미는 없는 열과 온도의 비율로만 남게 되었을 것이다.

맥스웰이 뉴턴과 아인슈타인과 같은 위대한 물리학자라는 명성은 전자기학과 열역학에 선구적으로 기여한 그의 업적에서 온

것만은 아니다. 보다 깊이 철학적으로 보면, 그는 20세기 과학 혁명의 길을 열어준 근본적인 개혁을 하였다. 그는 전자기적 힘을 얼마 떨어진 거리에서 작용하는 힘으로 나타낸 뉴턴의 방식 대신 장의 개념을 도입하여서 중력장에 대한 이론인 일반 상대성 원리의 개념적 골격을 이루었다. 그러고 나서는 확실성에서 확률로 열역학의 바탕을 옮겨서 오늘날 원자 내부를 설명하는 데 이용되는 양자역학의 핵심적인 주춧돌을 마련하였다.

양자역학의 발전 과정을 보면, 현대 열역학으로 이르는 단계와 비슷한 점이 있다. 20세기의 처음 25년간 물리학자들은 원자의 겉껍질을 넘어, 중앙에 있는 아주 작은 핵 주위를 돌고 있는 원자 안의 숨겨진 세계를 탐구하기 시작하였다. 그들은 태양계를 아주 잘 설명하였던 뉴턴의 역학을 길잡이로 삼아서 원자 구조에 대해 점점 더 복잡한 모형을 고안해내었다. 그러나 맥스웰이 엄청나게 큰 숫자에 멈칫거렸던 것처럼, 원자 물리학자들은 원자가 너무 작아서 원자 안을 실험적으로 들여다볼 수 없었기 때문에 곤혹스러워했다. 결국 그들은 실패를 인정해야 했다. 그들이 힘들게 추측하여서 만든 원자 내부에 대한 모형들은 전혀 들어맞지 않았던 것이다.

1925년, 독일의 젊은 과학자 베르너 하이젠베르크Werner Heisenberg는 원자에 관한 연구에서 진도가 나아가지 않자, 이에 실망하고 모든 일을 처음부터 다시 시작하였다. 검증할 수 있는 길이 없는 전자 궤도를 고안해내는 대신, 원자에서 나오는 빛의 색깔과 원자가 부딪힐 때 교환되는 에너지양과 같이 부분적이지만 그가 믿을 수 있는 정확한 정보만 갖고 연구하기로 하였다. 이 과정에서 그는 모든 모형에서 당연하게 생각했던, 원자 안에서 전자의 움직임을 확실히 알 수 있다는 환상을 의도적으로 버렸다. 대신, 전자는 원자핵 부근의 여러 영역을 다른 확률로 차지한다는 조건만 달고 더 이상 세밀하게 할 시도조차 하지 않았다. 이것은 원자 내부에 대해 탐구하는 관점에서는 혁명적인 접근 방법이었으며, 이로써 놀라울 정도로 정확하게 원자의 거동을 예측할 수 있게 되었다. 이와 같이 하이젠베르크와 그의 동료들이 개발한 양자역학은 맥스웰이 확률을 열의 과학에 도입한 것처럼, 뜻하지 않게 확률이라는 관점을 원자물리학의 영역에 도입하게 되었다.

나중에 입자의 위치와 속도에 대한 양자역학적 불확실성은 열역학에 나오는 불확실성보다 더 근본적인 것으로 밝혀지게 된다. 맥스웰은 개개 분자의 운동에 대해 세부적인 내용을 알아낼 방법이 없다는 현실적인 이유로 확률에 기댔지만, 양자역학에서 원자 내 입자의 정확한 위치를 알 수 없는 것은 원리적인 이유 때문이다. 도깨비도 원자 안에 대해서는 힘을 잃는다. 그러나 이런 근본적인 차이점이 있지만 맥스웰이 자연을 설명하기 위해 기회의 수학을 도입하지 않았다면 양자 혁명은 일어나지 않았을 것이라는 점은 사실로 남는다.

# 11

# 앞면과 뒷면: 확률의 법칙

완전히 무작위적인 분자의 법칙이 가장 정확한 법칙이다.

*—George Porter*

열에 관한 연구에 도움을 얻고자 제임스 클럭 맥스웰이 확률론에 관심을 갖게 되었을 때, 그는 2천 년을 이어오는 과학계의 전통도 넘어서야 했지만, 자신의 종교적 윤리관도 넘어서야 했다. 그가 열아홉 살이었을 때 평생지기인 루이스 캠벨에게 다음과 같은 편지를 썼다. "현재의 논리학이 다루는 것은 확실한 것, 불가능한 것, 아니면 아주 불분명한 것인데, (다행히도) 이런 것들은 우리가 논할 필요가 없다. 그러므로 이 세상에서 진정한 논리학이란 확률론이다. … 이 분야의 수학은 일반적으로 도박과 노름을 조장하기 때문이라는 이유로 부도덕한 것으로 간주되지만, 유일한 '현실적인 사람의 수학'이고 우리는 모두 현실적인 사람들이다." 그가 '아주 불분명한 것'이라는 말로 표현한 것은 아무것도 아는 것이 없는 상태, 다시 말해 분자 세계의 불확정성보다 더 불확실한 상태를 뜻한다. 그의 아버지처럼 맥스웰은 언제나 철저하게 현실적인 사람이었다. 그래서 그는 지적 탐구 과정에서 막다른 길에 다다랐을 때, 수학적으로는 완벽하지만 도덕적으로는 문제가 있는 기회의 대수학으로 아무런 거리낌 없이 돌아설 수 있었다.

맥스웰이 고민하게 된 직접적인 이유는 그가 상상한 것이 너무 생생하다는 점이었다. 동시대의 다른 사람들과는 달리 그에게는 분자라는 것은 실체가 있는 것이었다. 그는 마음의 눈으로 분자들이 마치 요동치며 내리는 우박처럼 날아다니는 것을 볼 수 있었다. 몇 년 뒤에 원자핵을 발견한 어네스트 러더퍼드Ernest Rutherford도 원자와 분자에 대해 비슷한 시각을 가졌지만, 대부분의 사람은 이런 것들을 편의상 지어낸 상상 속의 존재로 받아들였다. 누군가 러더퍼드에게 원자와 분자의 존재 여부에 관한 질문을 하였을 때, 그는 "실제로 볼 수 있을 정도"라고 하면서 원자와 분자를 '유쾌하고 조그만 녀석들'이라고 불렀다.

맥스웰 시대의 사람들에게 당구공 모형은 사실에 충실한 설명이라기보다는 유용한 수학적 도구였기 때문에, 자기들이 편한 대로 이 모형을 바꾸어도 아무 문제가 없었다. 한 예로, 줄은 이 모형을 우스꽝스러울 정도로 단순화시킨 적이 있다. 어느 대중 강연에서 "한 변의 길이가 1피트인 정육면체 상자에 수소 기체가 있다고 합시다. 그리고 여기 들어 있는 기체가 하나에 12.309그램 되는 작고 탄성 있는 입자 세 개로 이루어졌다고 합시다"라면서 설명하였다. 기체가 호두만 한 무게의 거대한 분자 세 개로 이루어졌고, 이 분자들이 각각 직교 좌표계의 세 축 방향으로 움직이고 있다고 생각하는 것은, 계산을 간단하게 할 수는 있겠지만 실제 상황과는 너무 거리가 먼 것이다. 사용된 수학은 원시적인 데 반해 숫자는 과도하게 정밀한 것이 줄의 물리 탐구 방법의 특징이다. 그러나 그가 곧바로 청중들에게 이 세 개의 입자를 아주 잘게 나눈다고 상상해보도록 했다는 것도 여기에 언급해야 그가 억울해하지 않을 것이다.

클라우지우스는 이론이 전공이었고 수학에도 뛰어났기 때문에 당구공 모형을 다루는 데 있어 이 어려운 문제를 다른 방법으로 해결하였다. 모든 분자를 한 덩어리로, 또는 줄처럼 세 덩어리로 묶어서 보는 대신, 그는 평균 속도, 평균 에너지, 충돌 사이의 평균 시간, 평균 분자간 거리 등 평균치에 관심을 뒀다. 그가 사회과학자였다면, 그는 평균적인 남자 한 사람과 여자 한 사람의 행동에 관해 설명하고 이로써 전체 인구를 대변한다고 했을 것이다. 맥스웰은 클라우지우스의 방법에도 만족할 수 없었다. 그가 상상하는 실제 기체 안에서는 입자들이 부딪히면서 어떤 것은 그 속도가 매우 빠르게 되고, 다른 것은 자신의 에너지를 다 내주어서 순간적으로 거의 정지하게 되는 등의 일이 정신없이 끊임없이 일어난다. 이런 양극단 사이에 있는 모든 입자의 속도와 에너지를 전부 나타낼 수 있어야 한다는 것을 맥스웰은 알고 있었다.

기체 안에 있는 분자의 운동은 줄이나 클라우지우스가 생각했던 것보다 훨씬 복잡하다. 벨기에 화학자 얀 반 헬몬트Jan van Helmont가 혼동을 뜻하는 그리스어 카오스chaos에서 기체를 뜻하는 가스gas라는 용어를 도출하였는데, 이는 매우 적절한 선택이었다. 기체를 제대로 다 이해하려면 평균적인 분자의 거동뿐 아니라 마구잡이로 뛰는 모든 내용에 대해서도 확실하게 알아야 한다고 맥스웰은 믿었다. 그렇지만 자연에 숨겨져 있는 비밀의 장막을 어떻게 열 수 있을까?

맥스웰이 사용하였던 확률 이론은 놀라운 능력과 정확성을 갖춘 도구이다. 그 결과로 다른 자연법칙에서 나오는 결과보다 더 이해하기 쉬워지게 되었다. 확률론이 어떤 경우에나 무작위로 일어나는 현상을 그럴듯한 양태로 만들고, 마구잡이로 쌓인 자료를 멋진 틀로 찍어낸다는 것을 확인하기 위해서는 동전 한 닢과 많은 노력 또는 매우 많은 동전과 약간의 노력만 있으면 된다.

맥스웰의 말을 인용하면, 동전을 던져 어느 쪽이 나올지는 전혀 알 수 없다. 즉, 그 결과를 사전에는 알 수 없다. 우리는 동전을 던져 앞면이 나올 확률은 2분의 1이라는 것을 잘 알고 있지만, 이것은 단 한 번 던졌을 때 어떤 면이 나올 것이냐는 질문에 대해서는 아무 의미가 없는 것이다. 이 이론은 아무것도 예측할 수 없고, 아무것도 설명할 수 없고, 증명할 수도 없다. 동전이 떨어진 후에는 실험의 결과는 사실이 되고, 여기에는 확률이라는 용어를 더 이상 사용할 수 없는 것이다. 단 한 번 던졌을 때, 사실은 동전 하나씩 던질 때마다 보면 확률론은 의미 없는 것이다.

동전을 여러 번 던질 때만 그 의미가 서서히 나타난다. 백 번을 던지면 앞면이 대략 50번 나오고 던지는 횟수가 늘어나면 앞면이 나오는 비율은 확실하게 점점 더 2분의 1에 가까워진다. 나는 열 살과 여덟 살 된 내 딸 마델린과 릴리의 도움을 얻어 이 흥미로운 양태가 나타나는 과정을 직접 확인한 적이 있었다. 나는 아이들에게 동전 10개와 요구르트 컵을 주고 반복해서 동전 열 개를 던졌을 때 나오는 결과를 토대로, 나오는 앞면의 수에 따른 빈도를 어떻게 막대그래프로 나타내는가를 설명하였다. 동전의 앞면이 4개 나오면 4에 해당하는 막대 위에 네모 하나를 더하는 식으로 0부터 10까지의 모든 경우를 나타내는 것이다. 처음 열 번 남짓 던졌을 때, 내가 가르쳐준 대로 꼼꼼히 그려진 그래프는 가운데 부분에 모이는 경향을 보였지만, 뚜렷한 형상을 보이지는 않았다. 스무 번 던졌을 때, 0과 1 그리고 9와 10이 있는 양쪽 끝은 확연히 비어 있었다. 마흔 번 던지고 나서 아이들과 잠시 이야기를 했다.

아이들은 희소성이 있는 사건, 즉 그래프의 양 끝에 막대가 나타나는 일이 한 번도 안일어나서 몹시 실망하고 있었다. 나는 앞면이 열 개 다 나오거나 하나도 안 나올 경우는 천 번에 하나 정도이므로, 이 단계에서는 그런 것이 하나도 나오지 않는 것이 당연하다며 아이들을 위로하였다. 그리고 그보다 더 문제가 되는 점을 지적하였다. 앞면 여섯 개에 해당하는 자리가 많이 비어 있는 것이다. 마흔 번 던졌는데 앞면이 여섯 개 나온 경우는 단 두 번뿐이었고, 이를 설명할 방법이 없었던 것이다. 나는 애들을 격려하고 내 방으로 돌아왔다.

3분 뒤에 아이들이 소리쳤다. "아빠, 빨리 와 보셔요. 희한한 일이 생겼어요." 증거가 실제로 나타난 것이다. 동전 열 개가 모두 뒷면을 보이고 있었다. 나는 잠시 아이들의 정직성을 의심했으나, 아이들은 강하게 항의하였고, 결국 모두 만족하게 되었다. 불가능해 보였던 그래프의 왼쪽 끝 0자리에 네모 표시가 동떨어진 섬처럼 솟아올랐다. 그러나 산 모양의 그래프는 여전히 6의 자리에 깊은 골짜기로 나뉘어 있었다. 나는 "걱정하지 마라. 이 자리는 곧 채워질 것이란다. 이런 일 때문에 사람들이 도박을 하는 것이란다. 그렇지만 도박장 주인이 언제나 따게 되어 있지. 좀 더 기다려 보자"라고 말했다.

삼십 분간 탄식하는 소리와 입을 막고 지르는 소리만 들렸다. 오십 번째 던졌을 때까지 열 번 더 던지는 동안 앞면 여섯 개가 세 번 연달아 나와 빈자리를 메웠다. 백이십 번 던진 후, 아이들은 와서 그래프를 보여주었다. 앞서 0자리에 더해 9자리에 네모가 하나 생겼고, 가운데의 골은 사라졌다. 평균의 법칙으로 치료된 것이다.

그날 아이들은 지쳐서 그만둘 때까지 이백 번 던졌고, 아이들이 그려낸 그림은 작은 기적처럼 보였다. 그림의 윤곽은 약간 울퉁불퉁하지만, 한가운데에 최고치가 있고 보기 좋게 좌우대칭이어서 그 유명한 종 모양의 곡선이 틀림없었다. 나는 그래프 위에 확률 이론에서 나오는 이론적 곡선을 빨간색으로 그렸는데, 이들은 서로 일치했다. 아이들이 기운이 넘쳐 천 번 이상 던지거나 동전 열 개 대신 백 개를 이용하였다면, 아이들이 힘들여 모은 자료는 빨간색 선을 마치 손에 장갑을 끼는 것처럼 부드럽게 채우게 되리라는 것을 나는 알고 있었다. 또한 이런 일이나 이보다 더한 일을 컴퓨터 프로그램으로 하면 일 초 안에 할 수 있다는 것도 알고 있었다. 그러나 이렇게 하면 굳건한 경험의 세계를 직접 느끼지 못했을 것이고, 더 안좋은 것은 아이들이 놀라는 눈으로 자연의 법칙을 직접 만나는 모습을 지켜보는 즐거움은 없었을 것이다.

종 모양 곡선이 나타나는 것은 마술이 아니다. 분포가 가운데를 중심으로 좌우대칭인 것도 놀라운 일은 아니다. 앞면과 뒷면이 다를 것은 없다. 곡선이 양 끝에서 뚝 떨어지는 것 역시 직관과 잘 맞는다. 우리는 우연한 기회에 그리고 복권 추첨 결과에 대한 뉴스 등 일상적인 경험으로 동전 열 개가 다 뒷면이 나오거나 하는 일을 적지 않게 경험한다. 가운데에 최고치가 나타나는 것은 다섯 개가 앞면이 나올 수 있는 경우의 수가 많다는 사실을 반영하는 것이다. 동전 열 개 중 다섯 개를 골라 앞면으로 놓는 방법은 252가지이고, 아홉 개를 앞면으로 하는 방법은 10가지이다. (이것은 하나만 뒷면으로 하는 방법 10가지와 같은 것이다.) 열 개 모두가 앞면으로 되는 방법은 오직 1가지이다. 달리 말하면, 이룰 수 있는 방법의 수가 가장 많은 경우가 한 번 던졌을 때 나올 확률이 가장 높다. 자연은 다양성을 선호한다.

종 모양 곡선이 보이는 일반적인 특성은 직관적으로 이해할 수 있지만, 왜 아랫부분이 조금 더 넓거나 마술사의 모자처럼 더 뾰족한 등의 다른 모습이 아니고 하필이면 꼭 이런 모양이어야 하는지는 알 수 없는 일이다. 개별 동전의 움직임은 완전히 무작위적인데 어떤 힘이 이들을 이렇게 예측 가능한 길로 이끄는가? 어떠한 지적인 존재가 있어 이들이 6의 골짜기를 더 깊게 하는 대신 메우도록 명령하는가? 컵 안에서 뒤죽박죽 움직이는 동전들이 만드는 혼돈 속에서 어떻게 이렇게 절묘한 규칙이 나오는가?

확률론에 대한 문헌은 매우 방대하지만, 이 마술을 없앨 수 있는 것은 하나도 없다. 18세기부터 수학자들은 한 단계씩 좀 더 일반화된 이론들을 유도하여(이들을 통칭해서 '중심극한정리Central limit theorems'라 부른다) 놀라울 정도로 광범위한 보편성을 갖는 종 모양 곡선을 설명하고 있지만, 여러 가지의 경우에 계속해서 나타나는 이 곡선은 여전히 우리의 경탄을 자아낸다. 가끔은 동전 던지기나 찻물이 식는 것이나 어린애 눈이 반짝이는 것들이 모두 일상적인 기적으로서 뜻하지 않은 선물을 받은 것처럼 축하할 만한 일이라는 점을 상기할 필요가 있다.

맥스웰은 이 평균의 법칙을 기체에 대한 당구공 모형에 적용하였다. 수학자들이 동전이나 주사위 던지기에서 나오는 규칙을 유도할 때 사용하는 것과 비슷한 간단한 논법으로 그는 분자들의 속도를 구하는 식을 알아내었다. 그래프로 나타내면 이것은 나의 딸아이들이 발견한 종 모양 곡선과 많이 비슷하다. 속도가 낮은 분자의 수는 적고, 속도가 높아질수록 분자의 수는 늘어나서 클라우지우스가 알아낸 평균 속도에서 가장 많게 되고, 거의 대칭적으로 다시 줄어들어서 아주 속도가 높은 부분에서는 거의 없을 정도로 분자의 수가 줄어든다. (곡선의 왼쪽은 속도가 0인 점에서 끝나지만, 오른쪽으로는 무한히 뻗어나가기 때문에 평균을 중심으로 하는 대칭에서 약간 어긋나게 된다. 곡선이 오른쪽으로 무한히 뻗는 것은 이 근사적 계산에서는 상대성 이론에서 나오는 입자 속도의 한계치를 감안하지 않았기 때문에 이론상으로만 그렇다는 것이다.)

나의 딸아이들의 경우와는 달리 맥스웰에게는 그의 이론을 직접 검증할 수 있는 방법이 없었다. 대신 그는 이 이론에서 몇 가지 간접적인 유추를 하였고 이것들은 나중에 실험적으로 점검되었다. 그리하여 맥스웰의 분자 속력 이론은 20세기의 기술로 직접적이고 확실한 증거가 나오기 훨씬 전에 이미 맞는 이론으로 받아들여졌다. 그러나 모든 사람이 맥스웰의 이론을 제대로 평가한 것은 아니었다. 한 예로 클라우지우스는 맥스웰이 확률론을 이용하였다는 점을 용납하지 못했다. 아마도 클라우지우스는 너무나도 전형적인 독일인 교수라서 맥스웰이 어려서부터 내내 갖고 있었던 장난기가 없었을 것이다. 맥스웰이 살았던 엄격한 빅토리아 시대의 가치 기준에는 우연에 기댄다는 것은 부도덕한 것이지만, 이런 것으로 사물을 탐구한 그의 노력이나, 도깨비와 함께 노는 것을 막지는 못했다. 그러나 누가 분자들의 혼돈으로 가득한 세계, 엔트로피가 발현되는 모호함의 세계로 그를 인도할 것인가?

# 12

# 역학적 도깨비

'고르는 도깨비 sorting demon'라는 개념은 순전히 역학적인 것이다. …
이것은 생명이나 마음이 물체의 운동에 미치는 영향에 대한 문제를 다루기 위해 창조된 것은 아니다.

—William Thomson, Lord Kelvin

1867년 12월 제임스 클럭 맥스웰은 에딘버그 대학에 있는 그의 친구 피터 구스리 테이트에게 편지를 쓰면서 기체의 거동에 대하여 언급했다. 당구공 모형에 바탕을 두고 그는 만약 분자 하나하나를 조절할 수 있다면 어떤 일이 생길지를 예상하고자 하였다. 분명히 이것은 그가 할 수 있는 일이 아니기 때문에 그는 이런 일을 할 수 있는 일꾼을 하나 고안하였다. 그리하여 분자 하나하나를 보고 움직일 수 있는 '관찰력이 뛰어나고 손재주가 좋은' 맥스웰의 도깨비 Maxwell's demon 가 탄생하였다.

맥스웰의 상상 속에서 이 도깨비는 기체로 채워졌고 온도가 같은 두 상자 사이에 놓인 문 앞을 지키는 문지기이다. 온도에 대한 미시적 관점에서 보면, 두 상자에 있는 기체 입자의 평균 속도는 같지만, 입자의 속도는 넓게 퍼져 있다. 도깨비는 매우 빠른 입자만 오른쪽 상자에서 왼쪽 상자로 갈 수 있도록 길을 열어주고 다른 것은 모두 막는다. (양쪽 상자의 입자 수를 같도록 하기 위해서, 그에게 반대쪽으로는 매우 느린 분자만 통과시키라고 할 수도 있다.) 그 결과로 왼쪽 상자는 더워지고 오른쪽 상자는 차가워질 것이다. 두 상자의 온도에 차이가 없이도 열이 흐르게 되는 것이다. 이것은 수평으로 놓인 홈통을 따라 물이 흐르다가 저절로 위로 올라가는 것처럼 열역학 제2법칙에 어긋나는 일이다.

맥스웰이 분자를 고를 수 있는 아주 작은 존재가 있다고 믿은 것은 물론 아니다. 그의 이 기발한 창조물은 주문을 외워서 불러내는 어떤 영적인 존재가 아니라, 자신의 이론들을 시험할 수 있도록 작동하는 장치로 보아야 한다.

탐구의 도구로써 도깨비의 가치는 금방 확인되었다. 그가 탄생한 순간부터 그는 중요하고 어려운 문제를 제기하기 시작했다. 우선, 이런 일이 과연 일어날 수 있겠는가 하는 문제가 있다. 만약 아니라면, 왜 아닐까? 반면 만약 가능하다면, 이것은 열역학 제2법칙에 대해 어떤 점을 시사하는가? 도깨비가 엔트로피 원리가 보편적인 자연 법칙이라는 것을 부정하게 될까? 맥스웰은 그 답을 알지 못했다.

어떤 문제든 문제를 풀 때 첫 번째로 해야 하는 일은 질문을 간결한 문장으로 나타내는 것이다. 최초의 도깨비의 개념은 매력적이지만 모호해서 체계적으로 분석하기 어려웠기 때문에 맥스웰은 훨씬 세밀하게 설명하는 작업을 거쳐 '역학적 도깨비mechanical demon'라고 불릴 만한 개념을 이루어냈다. 이 작업을 마친 후, 그는 생각해낼 수 있는 모든 이론적인 논법으로 이 아이디어를 검증하였다. 그가 자신의 추론에서 문제점을 찾아내면 도깨비는 죽게 되어서 열역학 제2법칙의 기반을 허물 수 있는 장애를 없애는 것이므로, 이 법칙이 확고한 자연 법칙으로서의 위상을 굳히게 될 것이다. 반면 그의 도깨비에서 아무런 헛점을 찾을 수 없다면 그는 원리적으로는 열역학 제2법칙을 위반하는 일이 가능하다는 것을 인정할 수밖에 없게 되고, 방법만 제대로 찾을 수 있다면 영구기관 같은 것 역시 가능하다는 뜻이 된다. 만약 이렇게 된다면 열역학 제2법칙은 예외가 하나도 발견되지 않은 열역학 제1법칙과는 사뭇 다르다는 것을 뜻하게 된다.

도깨비에 대해 생각해 보면, 도깨비가 문을 열고 닫으면서 에너지를 소모하는 것은 아닐까 하는 의문이 생긴다. 만약 이것이 사실이면, 도깨비는 단지 전기에너지를 이용하여서 냉동고에서 부엌으로 열을 퍼 올리는 보통의 냉장고와 같은 기능을 할 뿐이다. 그러나 이런 걱정은 하지 않아도 된다. 그저 문과 도깨비가 아주 작고 정교하게 만들어져서 이것들이 작동하면서 소모하는 에너지는 분자 하나가 갖는 에너지에 비해 매우 작아 무시할 수 있다고 상상하면 된다.

보다 어려운 문제는 도깨비가 어떻게 그의 일을 수행하느냐 하는 세부적인 것에 관한 질문이다. 도깨비는 어떻게 속도를 잴 수 있을까? 그가 어떻게 특정 분자 하나하나에 대하여 판단을 할까? 그가 판단하고 선택하는 작업은 에너지를 쓰는 일인가 아닌가?

이런 세세한 문제를 피하기 위하여 맥스웰은 물리학의 오랜 전통을 따랐다. 즉, 그는 가정을 단순화시켰다. 그는 앞의 경우 두 상자가 같은 온도와 압력에 놓여 있는 상황에서 시작하였지만, 도깨비가 분자의 속도에 신경 쓰지 않아도 되는 다른 경우를 제안하였다. 예를 들어, 도깨비는 오른쪽에서 왼쪽으로 가는 분자에게는 길을 열어주고 반대 방향으로는 문을 닫는 역할만 하는 경우를 생각해보자. 이렇게 하면 복잡하게 측정하고 판단할 필요가 없어지지만, 왼쪽 상자의 기체 압력은 서서히 높아지고 오른쪽은 낮아지게 될 것이다. 시간이 지난 뒤에 이렇게 얻은 기체 압력의 차이를 이용해서 터빈을 움직이면, 이 상자에서 열을 버리지 않고서도 일을 얻어낼 수 있으므로 앞서와는 다른 방법으로 열역학 제2법칙을 위반할 수 있게 된다.

맥스웰은 이런 단순 작업을 하는 도깨비는 기계와 마찬가지로 인지 능력이 없다는 점을 강조했다. "이로써 도깨비는 단지 하나의 밸브가 되었으니, 이런 점에서 그를 평가하라"고 테이트에게 주문하였다. 하지만, 두 사람 모두 이 밸브로 무엇을 어떻게 해야 할지 알 수 없었다. 맥스웰은 끝내 자신이 고안한 역학적 도깨비가 열역학 제2법칙을 위배할 수 있는지의 여부를 알아내지 못하였다.

역학적 도깨비가 죽게 된 데는 비록 그 자신이 한 것은 아니지만 상당 부분 알베르트 아인슈타인의 공(또는 과)으로 돌아간다. 아인슈타인은 1905년 세 가지 위대한 업적을 남겼는데, 그중 하나가 브라운 운동Brownian motion을 설명한 것이다. 브라운 운동이란 잔잔한 물방울 위의 꽃가루나 공기 중에 떠 있는 연기 입자와 같이 작은 입자가 춤을 추는 것처럼 어지럽게 움직이는 것을 말한다. 아인슈타인은 이들 입자를 끊임없이 사방에서 원자가 우박처럼 두드

려대는 커다란 덩어리로 상상하였다. 평균적으로는 우박의 영향이 모든 방향에서 같아야 하지만, 순간적으로는 마치 내 아이들이 그린 종 모양 곡선에 나타났던 계곡처럼 오르내림이 나타난다. 만약 어느 순간 이 덩어리 왼쪽에 평균보다 더 많은 우박이 와서 부딪힌다면, 이것은 오른쪽으로 조금 움직인 다음 다시 정지하게 될 것이다. 아인슈타인은 이런 통계적 오르내림이 브라운 운동을 일으킨다고 제안하고 간단한 수학 공식으로 나타내었다. 나중에 실험 과학자들이 아인슈타인의 예측과 실제 측정한 것을 비교하여, 비록 간접적이긴 하지만 최초로 원자가 (단지 화학 반응 전후의 물질의 출입을 계산하거나 기체 모형의 그림 속에 있는, 편리하지만 가상의 것이 아니라) 실체가 있는 물리적 대상이라는 설득력 있는 증거를 제시하였다.

마리안 폰 스몰루코프스키Marian von Smoluchowski는 뛰어난 폴란드의 물리학자로서 켈빈 경과 함께 일한 적도 있다. 그는 독자적으로 아인슈타인과 거의 똑같은 방식으로 생각을 하였다. 사실 그가 아인슈타인보다 앞서 브라운 운동을 설명하였지만, 그는 이론을 실험적으로 검증하는 방법을 제시하지 않았기 때문에 아인슈타인에게 선수를 빼앗기게 되었다. 몇 년 뒤인 1912년 스몰루코프스키는 브라운 운동으로 역학적 도깨비를 처치하였다.

그는 두 기체 상자 사이의 문을 왼쪽으로만 열릴 수 있는 여닫이문으로 상상하였다. 도깨비의 큰 머리와 재주 많은 손은 사라지고 단지 밸브만 남은 것이다. 이런 것으로 왼쪽의 압력은 높이고 오른쪽은 낮출 수 있을까?

스몰루코프스키는 처음엔 이 문으로 분자 몇 개는 왼쪽 상자로 이동하겠지만 곧 문은 데워져서 브라운 운동으로 요동치게 될 것이라고 주장하였다. 문이 마구잡이로 열리고 닫히게 되면 분자들이 반대 방향으로 이동하는 일도 생겨서 원래의 평형 상태로 돌아가게 될 것이다.

그러나 실험으로 뒷받침되지 않는 한 이론적 주장만으로는 결코 모두를 만족시킬 수 없기 때문에, 스몰루코프스키의 그럴듯한 주장에 대한 반론이 끊이지 않았다. 반세기 뒤에 자신의 방식대로 하기를 좋아하는 리처드 파인만은 유명한 《파인만의 물리학 강의Feynman Lectures of Physics》라는 교재를 쓰면서 새로운 형태의 자동화된 도깨비를 고안하였다. 파인만의 기계는 아주 작은 톱니바퀴와 이것의 역회전을 막을 수 있도록 톱니 멈춤쇠로 작동하는 것으로서 도르래에서 내린 줄에 매달린 작은 물체를 오르게는 하지만 내리지는 못하게 하는 작용을 한다. 이 톱니바퀴는 더운 기체가 들어 있는 용기 속의 작은 풍차에 연결되어 있다. 이렇게 하면, 이 풍차는 끊임없이 기체 분자가 부딪치면서 이쪽저쪽으로 회전하게 될 것이다. 그러나 톱니 멈춤쇠 때문에 줄에 달린 물체는 오르기만 할 수 있을 것이다. 그러나 안타깝게도 그렇게 되지는 못한다. 톱니 멈춤쇠의 온도가 너무 높아져서 불규칙하게 튈 것이고 이렇게 되면 물체 역시 불규칙하게 내려가게 되리라는 것을 파인만은 보여주었다. 세밀한 계산으로 이런 일이 열역학 법칙이 만족될 수 있을 만큼 자주 일어난다는 것을 증명한 것이다. 파인만은 이 변종 도깨비의 죽음을 “(그것은) 온도가 올라가게 되어서 … 곧 브라운 운동으로 흔들리게 되어서 어느 쪽으로 움직일지 알 수 없게 되고, 분자가 오는지 가는지도 모르게 되어서 작동할 수 없게 된다"라며 무심한 어투로 기술했다.

이 명쾌하고 분명한 이론적 예측을 실험적으로 검증하기 위해서는 브라운 운동으로 작동할 수 있을 정도로 섬세한 나노 기술이 발전되어야 하겠지만, 최신 컴퓨터로도 이를, 최소한 부분적으로는, 이룰 수 있다. 최근 1992년 뉴멕시코에 있는 로스앨러모스 국립연구소의 물리학자 워즈텍 주렉은 MIT의 과학자와 공동으로 스몰루코프스키의 문이 달린 상자 두 개에 기체를 나타내는 당구공 500개를 채워 넣은 전산 모사 프로그램을 개발하였다. 이 수치 해석적인 실험 결과는 스몰루코프스키와 파인만이 계산한 결과와 잘 맞았다. 즉 문이 곧 브라운 운동으로 흔들리게 되고, 따라서 열역학 제2법칙이 확실하게 맞게 되는 것이다. 도깨비는, 적어도 스몰루코프스키가 생각한 역학적 도깨비는, 확실하게 창밖으로 내팽개쳐졌다.

스몰루코프스키의 분석이 나온 지 80년이 지난 1992년에도 물리학자들이 이를 증명할 가치가 있다고 생각했다는 것은 이 도깨비가 얼마나 다루기에 까다로운 것인가를 생생하게 보여주는 한 예이다. 실로 무척이나 오랜 세월이 지난 뒤에나 물리학자들은 맥스웰의 작고 간단한 밸브를 다스릴 수 있게 되었다. 그러나 오늘날 우리는 이 역학적 도깨비에 대해서 충분히 이해하였고, 도깨비가 열역학 법칙을 뛰어넘을 수 없다는 것을 확실하게 말할 수 있게 되었다.

이런 결론으로 도깨비의 일생이 실패로 끝났다고 말하는 것은 절대로 아니다. 이와는 반대로 도깨비가 자극해서 시작된 브라운 운동에 대한 사유와 논쟁을 통해서, 우리는 자연이 우리 인간의 눈으로도 원자의 움직임을 볼 수 있도록 한 이 경이로운 창(窓)의 가치를 더 많이 깨우치게 되었다. 물론 사람이 원자를 볼 수 없다는 사실이 기체의 거동을 이해하고자 하였던 맥스웰을 어렵게 하였다. 이런 점에서 창조자와 그의 피조물은 놀라울 만한 성과를 거둔 셈이다.

도깨비가 아직 죽은 것도 아니다. 창밖으로 내동댕이쳐질 때마다 그는 언제나 새 가면을 쓰고 다른 창으로 기어들어왔다. 1914년에 그가 이 문제에 대해 쓴 두 번째 논문에서 스몰루코프스키는 역학적 도깨비가 죽었다고 선언하였지만, 끝에 "이런 도구는 아마도 지적인 존재가 적절히 조작하면 제대로 작동할 수 있을 것이다"라고 덧붙였다. 이 말로 그는 도깨비를 되살려놓았다.

맥스웰은 엔트로피의 미시적 의미를 발견하는 도구로서 도깨비를 발명하였지만, 이것은 그를 목적지로 안내하지는 못했다. 이 난제는 어떤 한 사람이 풀었고 그 사람은 마지막엔 너무나 인간적인 모습을 보인 오스트리아의 한 물리학자이다.

# 13

# 볼쯔만의 우주: 엔트로피의 본질

미래는 엔트로피를 다스리는 자의 손에 달렸다. 단지 에너지만 이해하는 자는 주도권을 잃을 것이다. 이전의 산업혁명을 에너지가 이끌었다면 미래의 자동화된 공장은 엔트로피의 혁명이 될 것이다.

—Frederic Keffer

1905년 어느 청명한 여름날 저녁, 풀 먹인 칼라와 허름한 구두에 꽉 끼고 구겨진 정장을 한 몸집 좋은 신사가 비엔나 정거장으로 허겁지겁 들어왔다. 그는 무척 급해 보였다. 숱이 많은 검은색 곱슬머리로 덮인 위협적으로 솟아 나온 큰 머리는 그의 불룩한 어깨의 부드러운 곡선과 묘한 대조를 이루고 있었다. 입을 덮고 있는 검은색 수염에는 회색으로 두 줄이 나 있어 예순한 살이 된 그의 연륜을 보여주고 있었다. 그는 뭉툭한 코에 꽉 끼는 무테안경을 쓰고 있었는데, 이 작은 안경알 뒤에 있는 꿰뚫는 듯한 검은 눈에서 발하는 강한 힘만 아니었다면 그는 은퇴한 보조 목사 정도로 보였을 것이다. 그의 응시하는 시선은 무척 진지해서 사물의 껍데기에서 알맹이로 무자비하게 뚫고 지나갈 것 같았지만, 동시에 표현할 수 없는 우울함이 담겨 있었다.

비엔나 대학교 이론 물리학 교수이자 엔트로피의 본질을 발견한 것으로 유명한 루트비히 에두아르드 볼쯔만Ludwig Eduard Boltzmann은 훗날 이날의 일을 다음과 같이 설명하였다.

> 7월 8일 나는 늘상 하던 대로 비엔나 과학 학회의 목요일 모임에 참석하였다. 회의장에서 나오면서 내가 늘 가던 벡커스트라세로 가지 않고 슈투벤링 방향으로 가는 것을 보고 동료 한 사람이 어디로 가냐고 물었다. 나는 가볍게 샌프랜시스코라고 답했다. 북서쪽 정거장 식당에서 사우어크라우트와 감자를 곁들인 새끼 돼지고기를 먹고 맥주 몇 잔을 마셨다. 나는 보통 숫자를 잘 기억하는 편인데, 유독 맥주 몇 잔을 마셨는지는 잘 기억하지 못한다.

볼쯔만이 그의 동료에게 한 답은 정확한 것이었지만, 제트 비행기로 다니는 오늘날에는 그의 말에 숨어 있는 유머를 놓치기 십상이다. 1905년에 비엔나에서 캘리포니아로 여행한다는 것은 지구를 1/4바퀴 좀 넘게 도는 것으로 일생에 한 번 있을까 말까 한 일이지, 마을 한 바퀴 도는 것 같은 인상을 주는 볼쯔만의 이 말처럼 간단한 일이 아니었다. 이보다 중요한 것은, 이런 식으로 사실적으로 답하고 신세계로 떠나기 전날 밤의 식사 메뉴에 대해서도 세세한 기억을 하는 것은 볼쯔만의 개성을 잘 보여주는 것이고, 또한 과학의 속성을 잘 드러내는 사례라는 점이다.

철학과 종교에서는 절대적 진리를 찾고 세상의 특수한 경우에서 진리의 증거를 찾지만, 과학은 특수한 것에서 보편적인 것으로 정반대의 방향으로 나아간다. 한 열역학 강연에서 볼쯔만은 이 점을 다음과 같은 말로 설명하였다.

과학자는 무엇이 현재 가장 중요한 문제인가를 묻지 않고 어떤 것이 현재 해결할 수 있는가 또는, 가끔씩은, 어떤 것에서 작지만 의미 있는 진척을 볼 수 있는가 라고 묻는다. 연금술사는 그저 현자의 돌만 발견해서 금을 만드는 방법만 찾고자 하였기 때문에 그들의 모든 노력은 허사가 되고 말았다. 사람들이 별로 중요하지 않은 일에 관심을 가지면서 화학이 발전하게 되었다. 따라서 언뜻 보기엔 자연과학은 크고 보편적인 관점을 잃어버린 것 같겠지만, 특정 문제에 대한 해결의 실마리로부터, 지금까지 상상도 하지 못한, 전체를 조망할 수 있는 작은 길을 갑자기 찾게 되는 놀라운 일이 벌어지기도 한다.

슈투벤링 쪽으로 가거나 정거장 식당에서 새끼 돼지고기를 먹는 것처럼 직접적이고 해결할 수 있는 목표에만 초점을 맞추어서 볼쯔만은 (그가 캘리포니아를 가리킬 때 쓰곤 했던 이름인) 약속의 땅 엘도라도에 다다를 수 있었다.

이 여행의 목적은 캘리포니아 대학 버클리 캠퍼스에서 여름 학기 강의를 하는 것이었다. 볼쯔만이 자신의 목적지에 도달하기 위해 넘어야 했던 장애물은 대서양을 건너고 4박 4일간 흔들리면서 기차를 타는 것보다 훨씬 큰 것이었다. 그 당시에 그는 시력 감퇴, 천식, 협심증, 편두통 등의 질병으로 고통받고 있었다. 이보다 더 심각한 것으로 그는 심한 우울증으로 주기적으로 지옥의 나락으로 떨어지곤 하였으며 수년 전에는 자살을 시도하기도 하였다. 캘리포니아에 간 지 얼마 되지 않아 볼쯔만의 부인 헨리엣은 딸에게 “아버지는 매일같이 상태가 악화되고 있단다. 앞으로 어떻게 살지

막막하다"라고 한탄하는 편지를 썼다.

이런 모든 문제에 더해, 그는 '첫 번째 강의 전에 느끼는 사소한 무대 공포증'이라고 했지만, 후세의 전기 작가들이 더 심각한 것으로 묘사하는 고통이 있었다. 볼쯔만은 강의를 뛰어나게 잘했으며 심지어는 카리스마가 느껴지기까지 하였으나, 이 때문에 개인적으로는 심각한 고통이 따랐다. 캘리포니아에 가기 위해 그는 영어로 말하기와 듣기 강습을 받을 정도였으니, 낯선 환경에서 익숙하지 않은 언어로 강의한다는 사실에 그가 얼마나 근심하였는지 상상할 수 있을 것이다.

그렇지만 볼쯔만은 이런 모든 어려움을 넘어섰다. 볼품없는 몸집이었지만 그는 어떠한 도전이라도 맞서서 싸우는 거칠고 기운찬 전사였다. 일생 동안, 특히 인생의 후반에 그는 과학계에서 잘 받아들여지지 않는 자신의 견해에 대한 믿음을 잃지 않고 파상적인 공격 속에서 자신의 입장을 고수하였다. 이에 비하면, 지구를 돌아 다른 세계로 가는 것은 산책 나가는 정도일 뿐이다.

볼쯔만이 휩쓸렸던 논쟁은 원자가 실제로 존재하느냐에 대한 것이다. 맥스웰처럼 그는 당구공 모형이나 이를 개량한 다른 모형이 단지 편리한 비유만이 아니라 그 이상이라고 굳건히 믿었다. 그는 이런 것들이 실제 세계를 충실하게 나타내는 것이라고 확신하였다. 원자가 고집스럽게 자신을 드러내지 않자, 시간이 갈수록 더 많은 과학자들은 원자가 실체를 갖고 있다는 생각에서 멀어졌다. 이 중에는 볼쯔만이 자주 인용하는 업적을 이룬 사람도 있었고, 그가 무척 가까운 친구로 생각한 사람도 끼어 있었다. 1898년 그는

"나는 내가 혼자서 시간의 흐름에 대항해서 미약한 힘으로 싸우고 있다는 것을 알고 있다"라고 쓸쓸한 어조로 썼다. 그러나 그는 원자론을 위하여 싸우기를 멈춘 적이 없다. 그는 인생의 목표가 "이론의 발전이다. 그 영광을 위해서는 어떠한 희생도 아깝지 않다"라고 말했다. 이 정도니 엘도라도로 가는 여행쯤은 문제도 아니었다.

볼쯔만의 눈부신 업적의 시작을 알리는 작지만 해결할 수 있는 문제는, 기체 분자의 속도에 대한 맥스웰의 이론을 개선하는 것이었다. 그가 학생이었을 때, 그의 스승이 맥스웰의 논문을 주었다. "그리고 더해서 영어 문법책도 주었다. 왜냐하면 그때 나는 영어 단어 하나도 몰랐기 때문이다." 곧바로 언어의 장벽을 넘어 깊은 지적 유대감이 형성되었다. 볼쯔만은 캘리포니아에서 지낼 때 유명한 대부호 윌리엄 랜돌프 허스트의 어머니를 위해 슈베르트의 곡을 연주했을 정도로 피아노를 잘 쳤다. 그는 음악 애호가가 유명한 작곡가의 스타일을 구분하는 것처럼 간단하게 이론 물리학의 거장의 수학적 스타일을 알아보았다. 맥스웰은 그에게 누구보다도 큰 감명을 주었다. "어떻게 그의 기체동역학 이론을 알아 볼 수 없단 말인가?" 볼쯔만은 맥스웰의 작업을 교향곡에 비유하여 다음과 같이 썼다.

> 처음에는 속도의 변이가 장엄하게 나타난다. 그리고 상태방정식이 한 구석에서 나오고 평균 운동의 공식이 다른 구석에서 나온다. 공식들이 뒤엉켜 혼돈이 커지다가 갑자기 앞서서는 바탕에 깔려서 다른 모든 소리를 죽게 하던 베이스의 거친 소리가 잦아든다.

> 마치 마법에 걸린 것처럼 앞서서는 손댈 수 없었던 것이 모두 정리된 것이다. 지금은 왜 이런저런 대입을 하느냐고 말할 시점이 아니다. 달리 느끼는 사람은 책을 치워야 한다. 맥스웰은 악보에 설명을 넣어야 하는 (정경이나 이야기를 묘사하는) 표제 음악을 작곡하는 사람이 아니다.

볼쯔만은 맥스웰의 기체 이론을 위대한 곡으로 받아들였고, 그의 변주곡은 원곡을 더 빛나는 것으로 만들었다.

처음에 당구공 모형은 분자들이 서로 멀리 떨어져 있어서 상호작용을 할 수 없다는 단순화된 가정하에 개발되었다. 이런 이유로 당구공이 갖게 되는 에너지는 그것의 운동에너지일 뿐이고, 이것은 온도에 따라 결정된다. 그러나 실제로 분자들은 상호작용을 하여 쌍을 이루기도 하고, 이 쌍은 회전하고 진동도 하며, 서로 꽉 껴안아 눌린 작은 용수철처럼 위치에너지도 가질 수 있다. 볼쯔만은 이런 종류의 에너지를 추가하여 맥스웰의 이론을 보다 일반화시키는 연구를 시작하여서 스물네 살이 된 1868년에 완성하였다. 이때 맥스웰은 아직 살아 있었다. 그가 기체 안에 있는 분자의 속도에 대해 유도한 공식은 '맥스웰-볼쯔만 분포Maxwell-Botzmann distribution'라는 이름으로 잘 알려져 있다.

의심할 여지 없이 볼쯔만이 버클리에서 한 강의는 당구공 모형을 확장하여 새로운 현상도 설명할 수 있게 한 이 '작지만 의미 있는 진척'에 집중되었다. 그러나 멀리 캘리포니아에 간 볼쯔만에게는 당구공 말고도 신경 써야 할 일이 있었다. 아마 그를 가장 짜증나게 하는 일은 1905년 당시 버클리에서는 음주가 철저하게 금지

되어 있다는 사실일 것이다. 이는 이 지방 물이 오스트리아에서 온 그에게 잘 맞지 않았기 때문에 매우 곤란한 문제였다. 그가 부끄러움을 무릅쓰고 자신의 어려움을 토로하자, 한 동료가 오클랜드에 있는 주류업자를 소개시켜주었다. “나는 와인 한 상자를 시내로 몰래 들여왔다. 그리곤 이후로 줄곧 오클랜드를 오갔다”라고 그는 말했다. “그렇지만 식사 때마다 포도주 한 잔을 몰래 마셔야 했기 때문에, 내가 죄악에 탐닉하고 있는 것은 아닌가 하는 생각이 들기도 했다.” 그리곤, 예의 통찰력으로 그는 수년 뒤에 많은 다른 사람들이 겪게 될 문제점을 예견하였다. “이 금욕주의 운동은 이대로 가면 세상에 새로운 종류의 위선을 보여줄 것이다. 이미 우리는 이를 충분히 보아왔다.”

볼쯔만이 이런 예언적인 글을 쓸 당시, 이후로도 15년간 금주법은 살아 있게 되지만, 그의 전공인 물리학에는 보다 큰 혁명이 일어나고 있었다. 같은 해에 아인슈타인이 발표한 특수 상대성 이론과 브라운 운동과 광자에 대한 세 편의 논문은 뉴턴의 시대가 막을 내리고 있다는 신호탄이었다. 고전적인 뉴턴의 물리학은 인간의 감각이 닿는 크기 범위에서 일어나는 현상을 다루는 것으로서 여기에는 역학, 맥스웰의 (광학을 포함한) 전자기학과 열역학이 포함된다. 새로운 세기에는 특수 상대성 이론이 적용되는 매우 빠른 것, 일반 상대성 이론이 적용되는 우주 밖, 그리고 양자 이론이 적용되는 원자의 미시세계 등 뉴턴 역학을 넘어서는 영역에서 발전을 보았다. 최후의 위대한 고전 물리학자인 볼쯔만이 1905년 캘리포니아로 오게 된 것은 꽤 시의 적절한 일이었다. 20세기 초에 있었던 그의 여행은 과거의 물리학에서 새로운 물리학으로의 변신과 구대륙에서 많은 20세기의 위대한 발견이 이루어지게 되는 신대륙으로의 이동을 상징하는 것이었다.

왜냐하면 볼쯔만이 맥스웰과 그의 도깨비가 찾지 못하였던 엔트로피의 미시적인 해석이라는 보물을 찾았기 때문이다. 루돌프 클라우지우스가 열과 온도의 비율이라고 수수께끼 같은 정의를 내린 엔트로피는 거시적인 양이다. 그것은 온도계, 저울, 압력계와 같은 일반 실험 도구로 측정된다. 이런 관점으로 볼 때 엔트로피는 분자나 분자의 성질에 대한 것을 의미하지는 않는다. 부피나 무게, 에너지처럼 그것은 더해질 수 있는 양이다. 같은 온도에 있는 똑같은 기체 용기를 서로 연결하면 부피도 두 배로 늘고, 무게도 두 배로 늘고, 에너지도 두 배로 늘듯이 엔트로피 역시 두 배로 늘어난다.

볼쯔만은 이와 같이 용기 두 개를 연결하는 과정을 생각하였을지도 모른다. 그리고 맥스웰의 추종자답게 그는 이것을 분자의 개념으로 상상하였다. 아직 엔트로피가 설득력 있게 역학적으로 설명되지 않았기 때문에, 대신 그는 이것의 의미를 확률에서 찾았다. 동전 던지기와 분자 속도가 보이는 종 모양 곡선에 대한 경험이 있으므로 그는 마구잡이로 일어나는 일이 혼돈에서 나와 정확하게 법칙을 따를 수 있다는 것을 알고 있었고, 그래서 그는 엔트로피는 예외 없이 증가한다는 사실과 자연적으로 일어나는 일은 더욱 무작위적으로 되고 더욱 다양하게 된다는 사실을 연결 지을 수 있는 길을 탐구하기 시작하였다. 그러나 엔트로피와 확률의 관계를 탐구하면서 그는 곧 근본적인 문제에 봉착하였다.

볼쯔만은 줄처럼 두 용기 각각에 분자 하나씩이 들어 있는 경우를 생각하였다. 그렇지만 그는 줄이 했던 것처럼 분자가 한 가지 속도만 갖는다고 생각하는 대신 맥스웰의 이론에 충실하게 속도에 분포가 있다고 생각하였다. (분자의) 속도가 다섯 단계로 있는 간단한 경우를 생각해보자. 이 중 한 단계는 용기의 온도로 결정되는 평균속도와 같고, 둘은 이보다 낮고 둘은 이보다 높아서 이 다섯 단계로 대략적인 종 모양 곡선을 그릴 수 있다고 하자. 기체의 외적이고 거시적인 특성을 바꾸지 않는다면, 첫 번째 용기에 있는 분자가 가질 수 있는 속도는 다섯 단계 중 하나이고, 마찬가지로 두 번째 용기에도 분자의 속도는 다섯 가지이다. 그러나 이 두 용기가 연결되면 여기에 있는 분자 두 개가 분포될 수 있는 방법의 수는 열 가지가 아니라 첫 번째 용기의 다섯 가지 속도 각각이 두 번째 용기의 다섯 가지 속도 하나씩 대응할 수 있기 때문에 스물다섯 가지가 된다. 경우의 수와 확률은 곱셈으로 나아가고 에너지와 엔트로피는 덧셈으로 나아간다.

이 예는 엔트로피를 단순한 확률로 볼 수 없다는 것을 보여준다. 볼쯔만은 스스로에게 물었다. 어떻게 하면 확률과 같이 곱셈으로 나아가는 성질과 엔트로피와 같이 덧셈으로 나아가는 성질을 연결 지을 수 있을까? 그가 문제를 명료하게 만들자마자 답은, 굉장히 간단한 답으로 놀라울 정도로 빨리 나왔다. 초등학생들은 알지도 못하는 사이에 그 원리를 배운다. 정수 두 개를 곱하면 자릿수는 더해진다. 60 곱하기 600은 36,000으로 자릿수 두 개와 세 개가 더해져서 다섯 자리가 된다. (이 규칙은 3 × 3 = 9와 같이 얻은 값의 자릿수가 하나 적게 되는 예외도 있지만, 기체 안에 있는 분자의 수가 엄청나게 크기 때문에 이런 경우는 무시할 수 있다.) 따라서 볼쯔만은 과감하게 엔트로피는 이에 대응하는 경우의 수를 나타내는 수의 자릿수와 같다는 기발한 생각을 하였다. 그는 이런 생각을 엔트로피는 경우의 수의 로그 값과 같다는 보다 형식적이고 수학적인 언어로 표현하였다.

엔트로피는 경우의 수의 자릿수와 같다. 과학과 수학의 요소가 참으로 절묘하게 섞인 표현이다. 처음 볼쯔만이 이런 생각을 했을 때, 그는 한참을 망설였을 것이다. 그렇지만 이런 기묘한 가설이 진실인 것으로 밝혀졌다는 사실은 수학이 자연을 신기하게 효과적으로 반영하는 능력을 갖고 있다는 증명이다.

큰 숫자를 자릿수로 세거나, 또는 로그 값으로 취하는 것은 열역학에만 있는 것이 아니라 다른 과학 분야에서도 찾을 수 있다. 예를 들면, 지진도 비슷한 방식으로 등급이 매겨진다. 지진의 세기를 지진계로 측정한 값으로 직접 표시하면 매우 큰 변이를 보이기 때문에, 대신 리히터 진도Richter scale에서는 그 자릿수를 센다. 리히터 진도 3과 4인 지진은 진도 1의 작은 표준지진에 비해 각각 백 배와 천 배 더 세다. 이런 식으로 리히터 단위는 1에서 10억까지의 범위를 갖는 숫자를 보다 이해하기 쉬운 1과 9의 범위의 수로 압축시킨 것이다.

이런 원리에 대한 더 좋은 예를 생리학에서 찾을 수 있다. 생리학에서는 단위가 리히터 단위처럼 임의적이지 않고 우리의 감각에 실제 의미를 갖는다. 겨우 들을 수 있는 소리에서 통증을 느낄 정도로 큰 소리까지의 소리의 물리적 힘의 세기를 공기를 통해서 전달되는 에너지 양으로 나타내면 1조 배가 변한다. 우리의 귀와 뇌는 이렇게 커다란 범위를 다룰 수 없어서 곱셈으로 나아가는 양을 다루기 쉽도록 덧셈으로 나아가는 값으로 바꾼다. 대략적으로 말하자면, 우리의 귀는 단순하게 물리적 세기의 비율의 자릿수만 세고 이 값을 소리의 세기 비율인 것처럼 느낀다. 그래서 일상 대화는 속삭이는 소리보다 세 배 크게 느껴지지만, 사실은 그 세기를 측정하면 천 배 더 센 것이다. 우리에게 익숙한 데시벨 단위는 우리가 느끼는 소리의 시끄러운 정도와 실제의 세기를 연관 짓는 것으로, 이는 엔트로피의 물리적 개념으로 수학적인 경우의 수를 측정하는 것과 같은 방식이다.

일단 볼쯔만이 이런 본질적인 통찰에 이른 다음에, 그는 이것의 의미를 정밀하게 하고 논리적으로 이것으로부터 나오는 시사점들을 시험할 수 있는 실험적 증거와 비교하는 방향으로 나아갔다. 연역으로 새로운 이론에 한 번에 도달한 다음에 그는 조심스럽게 귀납적 경로로 실험실로 내려왔다. 그가 쓴 '경우의 수'라는 용어는 이후의 문헌에는 (다중도, 미시 상태의 수, 결과의 수, 확률 등) 여러 가지 다른 이름으로 불렸지만, 의미는 모두 같은 것이다. 경우의 수란 한 계의 분자들이 전체 계의 거시적이고 외적인 특성을 바꾸지 않으면서 가질 수 있는 다양성의 정도를 나타내는 것이다. 경우의 수가 크면 이 배열은 대표적이며 흔한 것이고, 그 수가 작으면 이 배열은 특별하며 흔치 않은 것이다. 동전 열 개를 던져 앞면 다섯이 나오는 경우는 이렇게 할 수 있는 길이 252가지나 되므로 흔한 일이다. 앞면이 열 개 모두 나오는 경우는 딱 한 가지밖에 없어 흔치 않은 것이다.

엔트로피는 경우의 수를 재는 것이고, 경우의 수는 무질서를 의미한다. 이런 추론으로 볼쯔만은 "엔트로피는 무질서이다"라는 유명한 결론에 이르게 된다. 엔트로피가 지속적으로 증가한다는 사실은 자연이 질서보다는 무질서를 선호한다는 사실을 반영한다.

이 연결 관계는 십 대인 내 딸 마델린의 방을 예로 설명할 수 있다. 모든 책이 책꽂이에 똑바로 꽂혀 있는 상태를 질서로 정의할 수 있다. 마델린은 바닥에 책을 마구 흩어놓는 것을 더 좋아한다. 이렇게 흩어놓는 방법이 책을 책장에 꽂아놓는 방법보다 훨씬 많으므로, 무질서한 상태가 정돈된 상태보다 일어날 확률이 높다. 다른 말로 하면, 책들을 방에 마구 던지면, 이것들이 책꽂이에 꽂힐 확률보다는 마루에 흩어질 가능성이 훨씬 크다. 딸애가 그 상태를 뭐라고 하든, 물리학자는 확률이 높은 상태를 더 무질서한 것이라고 한다. 이리하여 질서와 무질서라는 주관적인 용어는 확률과 결합하여 각각 낮은 엔트로피와 높은 엔트로피와 같은 것이 된다.

마델린의 방의 경우에서 보면, 열역학 제2법칙은 그냥 놔두면 방은 더 무질서해지려는 경향이 있다는 말이 된다. 물론 질서가 잡혀서 엔트로피가 낮추어질 수도 있지만, 이것은 에너지를(보통은 부모의 에너지를) 들일 때 이루어진다. 같은 방식으로 열역학 제2법칙을 거스르고 엔트로피가 줄고 열이 거꾸로 흐를 수 있지만, 이는 에너지를 들여야지만 가능하다. 냉장고의 전선이 이를 증명한다.

엔트로피의 다른 예는 수치로 계산할 수 있다. 카드 한 묶음에서 카드의 숫자와 종류가 질서 정연한 순서대로 있으면 질서가 있는 것이고, 그렇지 않으면 무질서한 것이다. 질서가 있는 경우는 딱 한 가지뿐이므로 이는 매우 확률이 낮고, 따라서 엔트로피도 낮은 상태이다. 반면 카드를 무질서하게 쌓는 방법은 천문학적으로 많을 수 있으므로 무질서한 상태는 매우 높은 확률을 갖고 따라서 높은 엔트로피를 갖는다. 질서가 있는 카드 묶음을 섞으면 거의 확실하게 무질서한 상태가 되지만, 무질서한 카드 묶음을 마구 뒤섞어서 질서 있는 상태로 만드는 반대의 과정은 거의 일어나지 않는다. 엔트로피는 증가하는 경향이 있다.

이런 예와 보다 물리적으로 복잡한 다른 예를 통해 볼쯔만은 그가 개발한 새로운 체계의 효용성을 점검하였다. 그는 어느 물체에 열을 주었을 때 경우의 수가 얼마만큼 증가하는가를 계산하여 그의 공식이 클라우지우스가 계산한 엔트로피 증가분과 같다는 것을 발견하였다. 즉, 그는 열이 낮은 곳으로 흐르는 것은, 에너지가 온도가 낮은 곳으로 흘러서 희석됨에 따라 보다 다양한 분자 운동 상태로 퍼지기 때문이라는 것을 보였다. 그리고 그는 단단히 밀봉된 용기 꼭지를 열어서 기체가 빈 용기 안으로 새어 들어가면 기체가 가질 수 있는 배열이 엄청나게 증가하기 때문에, 원래 상태로 되돌리는 것은 카드를 마구 섞어 질서 잡힌 순서로 만드는 것만큼이나 가능성이 없다고 설명했다. (마델린의 방의 경우도 비슷하다. 그 애의 물건이 모두 옷장에 마구잡이로 들어가 있으면, 그 방은 잠시 동안 매우 질서가 잡힌 상태가 된다. 이것은 그 애가 엔트로피에 대해 들어본 적도 없지만, 스스로 알아낸 사실이다.)

볼쯔만은 세상의 무질서가 증가하는 과정을 한 걸음 한 걸음 추적하였고, 이로부터 열역학 제2법칙을 새로이 발견하였다. 즉, 수력 발전기로 전력을 만드는 것과 같은 가역적인 과정에서는 엔트로피가 변하지 않으나, 찻잔의 열이 공기로 빠져나가는 것과 같은 비가역 과정에서는 우주의 전체 엔트로피는 증가한다.

이와 같은 방식으로 우리가 차를 운전할 때마다 우주의 엔트로피는 비가역적으로 늘어난다. 처음엔 수 리터의 휘발유에 압축되어 질서가 잡힌 형태인 화학에너지로부터 시작하였다가 풀려나면서 열로 바뀌고 마지막엔 일로 전환된다. 차를 움직이는 데 필요한 일은 열이라고 알려진 무질서한 에너지에서 나오고, 이 과정은 본질적으로 효율이 낮아서 비용이 많이 드는 과정이다. 에너지의 2/3가 사용되지 않고 버려져서 무질서하고 혼돈스러운 대기의 분자 운동으로 끝난다.

수년간 힘들여 연구한 결과로 볼쯔만은 엔트로피와 열역학 제2법칙을 설명하였고, 이로써 오랫동안 바라던 목적을 달성하였다. 정성적으로 엔트로피는 무질서로 저절로 증가하려는 경향이 있는 것이다. 실험적 측면에서 이것은 열과 온도의 비율로 측정된다. 이론적으로 이것은 경우의 수의 자릿수와 관련이 있다.

볼쯔만의 발견으로 기체의 당구공 모형은 완성되었다. 온기를 설명하고 재는 세 가지 주요 변수(즉 열, 온도, 엔트로피)가 순전한 역학적 해석을 얻게 되었다. 물리학에는 모형을 만든 사람들을 기념하는 용어가 사용된다. 그래서 열을 재는 단위로 줄이, 절대온도의 단위로 켈빈이, 그리고 엔트로피는 볼쯔만 상수의 곱으로 나타낸다.

볼쯔만이 버클리로 여행하였을 때가 그의 명성이 최고로 높았던 시기이다. 그의 강의에는 학생들이 몰려들었고, 온 세계의 물리학자들이 그의 의견을 묻고자 하였다. 그가 엔트로피를 경우의 수와 같은 것으로 파악한 것은 이론 물리학의 가장 위대한 업적으로 알려져 있다. 이것은 그가 "지금까지 상상도 하지 못한, 전체를 조망할 수 있는 작은 길"이라 불렀던, 몇 번 없었던 통찰 중 하나였다. 바로 그 전 해에는 그의 예순 번째 생일을 맞아 당대의 가장 저명한 사람도 포함하여 과학자 117명이 그에게 헌정하는 논문을 모은 논문집이 발간되기도 했다. 그는 수없이 많은 메달과 명예박사 학위를 받았다. 그러나 그는 불행한 사람이었다.

캘리포니아에서 돌아온 지 1년이 지난 1906년 9월, 그는 부인과 딸을 데리고 이탈리아 해안가에 있는 트리에스테라는 도시 근처로 휴가를 갔다. 여기에서 편두통과 우울증이 그를 덮쳤다. 여자들이 수영하러 밖에 나간 사이에, 볼쯔만은 임대한 아파트 창에 놓인 가로대에 짧은 전선을 묶고 목을 매달았다. 그의 딸 엘사가 돌아왔을 때 그는 이미 죽어 있었다.

어떤 사람들은, 원자는 실체가 있다고 믿었던 볼쯔만을 곡해하고 그의 말을 와전시켰던 몇몇 물리학자들의 거친 공격이 그를 자살로 몰고 간 이유였다고 말했다. 물론, 이들이 가진 관점의 상당 부분은 이후 1, 2년 사이에 아인슈타인이 브라운 운동을 설명하면서 확실하게 잘못되었다는 것이 밝혀져 웃음거리가 되었다. 그러나 볼쯔만이 남긴 글 중에서는 이런 추측을 뒷받침할 만한 것이

거의 없다. 예를 들어, 그가 캘리포니아로 가는 여행을 묘사한 글은 절망한 사람의 것으로 보기에는 너무 밝다. 그를 자살에 실패한 로베르트 마이어와 비교하기에는 천재성과 명성과 생명력 등에서 그는 마이어보다 훨씬 뛰어났다. 오늘날에는 우울증이 종종 가져오는 파괴적인 영향에 대해 많이 이해하게 되었으므로, 비록 위대한 인물이 받았던 고통에 대해 침통한 우리의 마음을 가볍게 하지는 못하더라도, 볼쯔만의 자살은 순전히 생화학적 현상이었다고 이해하는 것이 오히려 받아들이기 쉽다.

루트비히 볼쯔만은 그의 고향 비엔나의 중앙 공동묘지에 묻혀 있다. 그의 묘비에는 "엔트로피는 경우의 수의 로그 값이다"라는 그의 불멸의 정의가 수학 공식으로 짧게 새겨져 있다.

# 14

# 지옥의 묵시록: 에너지의 퍼짐

이 세상은 이렇게 종말을 맞는다.
커다란 굉음이 아니라 잦아드는 흐느낌으로.

—*T. S. Eliot*

"엔트로피는 경우의 수의 로그 값이다." 수학의 언어로 말하는 물리학자는 이 신비로운 말에서 아름다움과 의미를 찾는다. 이 말은 열역학 제2법칙의 요지를 잘 담고 있어서 그들에게 왜 열이 낮은 곳으로만 흐르는지를 설명해준다. 그러나 덜 수학적인 분야에 종사하는 과학자들도 포함하여 대부분의 사람에게는 카르노의 증기기관 효율에 대한 연구나 클라우지우스의 열과 온도의 비율의 분석, 엔트로피와 무질서는 같은 것이라는 볼쯔만의 놀라운 결론 등에서 열역학 제2법칙을 곧바로 파악하기는 어렵다. 물리학자들의 엔트로피 개념이 보다 정량적이고, 미시적이고, 추상적인 방향으로 발전하는 중에, 또 다른 개념은 다른 분야에 종사하는 과학자들의 상상력을 자극하였고 나중에는 일반 대중에게도 크게 호소력 있게 다가왔다.

1852년, 클라우지우스가 열역학을 세련되게 요약하기 바로 전에, 켈빈 남작, 즉 윌리엄 톰슨은 열역학 제2법칙을 보다 알기 쉽게 설명하였다. 열은 뜨거운 곳에서 찬 곳으로 한쪽으로만 흐르고, 가역적 기관이라도 열을 차가운 열 탱크로 버려서 이를 되살릴 수 없다는 사실에서 시작하여, 그는 (유용한) "역학적 에너지가 흩어지는 것이 자연의 보편적 성질이다"라고 결론짓고, 이 가설을 '에너지 분산의 법칙'이라고 불렀다.

톰슨의 원리에 따르면 에너지는 양으로만 측정하면 안 되고, 쇠고기나 다이아몬드처럼 질로도 등급이 매겨져야 한다. 뜨거운 보일러에는 양질의 에너지가 들어 있으며, 정해진 방향과 속도로 구르는 볼링공도 마찬가지이다. 차가운 물이 담겨 있는 양동이에는 저급의 에너지가 들어 있으며, 사방으로 흩어지는 볼링 핀도 마찬가지이다. 질이 높다는 것은 예측이 가능하다는 것이며, 질이 낮다는 것은 혼돈을 말한다. 달리 말하면, 에너지의 질은 질서를 뜻하고, 흩어지려는 성질이 있다는 것은 무질서로 가려는 경향성을 말한다.

톰슨의 법칙은, 열은 뜨거운 곳에서 찬 곳으로 저절로 흐르고 비록 에너지는 보존되지만, 인공적인 조작을 하지 않는 한 에너지의 질은 항상 떨어지게 된다는 것을 뜻한다. 이 법칙은 에너지가 한 번 질이 떨어지면 더 많은 에너지를 쓰지 않고는 양질의 상태로 돌아갈 수 없다는, 즉 자연은 공통분모를 향해 나아갈 뿐 되돌아오지 않는다는 파멸적인 예측을 하고 있다. 찻잔에서 방 안의 공기로 빠져나온 열은 질이 떨어지고, 이를 되돌릴 수는 없는 것이다. 휘발유에 높은 밀도로 담겨 있는 에너지는 자동차 엔진에서 유용한 양질의 열로 전환되고, 이 중 일부가 자동차의 움직임으로 바뀌지만 3분의 2는 온도가 낮은 쓰레기 열로 흩어지게 되고 대기로 버려진다.

에너지 분산의 법칙은 에너지 보존 법칙에 상응하는 법칙으로 정립되었다. 열역학 제2법칙이 물리학에서 갖는 중요성을 생각하면, 이것은 그가 제안한 절대온도의 개념이나, 제임스 줄의 연구 결과의 중요성을 인지하였던 일이나, 끊임없이 자연을 나타낼 수 있는 역학적 모형을 추구하였던 것이나, 맥스웰의 도깨비의 대부로서의 역할을 넘는 열역학 분야에서 이룬 가장 큰 업적이다.

에너지 분산이라는 개념은 당시의 종교적 신념과 매우 잘 일치한다. 줄은 열역학 제1법칙을 우주를 지배하는 절대적 질서의 증거로 생각하였다.

> 아무것도 파괴되지 않고 소멸되지 않고, 복잡해 보이겠지만 전체가 매끄럽고 조화롭게 잘 움직이고 있다. 에제킬이 말한 것처럼 "바퀴는 또 다른 바퀴의 일부일 수 있고" 모든 사물이 원인과 결과, 변환과 배열에서 무수한 다양성으로 서로 얽혀 있고 혼란스러워 복잡하게 보이겠지만, 가장 완벽한 규칙이 존재한다. 모든 사물은 신의 높은 뜻에 따른다.

톰슨은 이런 사상에 깊이 감화를 받았기 때문에, 카르노의 이론에서 말하는 동력이 비가역적으로 사라지게 된다는 명백한 사실과 이 사상이 어떻게 조화될 수 있는지에 대해 곤혹스러워 했다.

에너지 분산 원리에 대한 초고에서 그는 성경의 구절을 인용하여 답을 하였다. "땅은 해지며 The earth shall wax old"라고 옷가지처럼 세월이 갈수록 해지는 신의 피조물을 노래하는 시편 102장을 인용하였다. 톰슨은 열역학 제1법칙을 조물주가 영원하다는 증거로, 열역학 제2법칙은 피조물은 잠시만 머물다 가는 것을 나타내는 것으로 보았다.

그는 자신의 믿음에 따라서 물질세계의 역사인 자연사에서 순간적인 것과 영속적인 것으로 구분하였다. "이 땅은 현재에는 인간이 살고 있지만, 과거의 일정 기간 동안 인류가 살 수 없었고, 미래에도 인류가 살 수 없는 시기가 올 것이다."

그는 이 추론이 '현재까지 알려진 원리가 작용하는' 자연법칙하에서만 의미가 있다는 사실을 인정하였는데, 훗날 그는 이렇게 단 단서의 덕을 톡톡히 보았다.

독일 제국 물리학 장관이며 베를린 드림팀의 일원이었던 헤르만 폰 헬름홀쯔는 곧바로 톰슨의 관점을 우주 전체로 그 범위를 확장하였다. 그는 모든 에너지는 결국에는 열로 전환되어서 우주 전체가 일정한 온도를 갖게 될 것이며, 그렇게 되면 모든 자연 현상이 사라지게 될 것이라고 주장하였다. "그 시점 이후의 우주는 영원한 안식의 상태가 될 것이다." 왜냐하면 열이 흐를 수 있는 '낮은 곳'이 하나도 없을 것이기 때문이다. 엔트로피는 최대치에 이르게 될 것이다. 우주 전체가 완전한 무질서 상태가 된다. 태곳적 우주의 혼돈이 다시 만들어지게 된다. 이 침울한 예언은 강한 인상과 함께 섬뜩한 내용을 담고 있어서 과학을 모르는 일반 대중의 관심을 끌었으며, 급기야는 사람들이 이 '우주의 열죽음 heat death'를 근심하게 되는 사회 풍조도 생겼다.

에너지는 분산되는 성질이 있다는 에너지 분산 법칙은 모호하고 철학적인 면을 갖고 있어서 확실하고 실용적인 톰슨의 세계관과 흥미로운 대조를 이룬다. "나는 내가 연구하는 대상을 실제로 작동하는 모형으로 만들지 못하면 만족할 수 없다"라고 그는 단언하였다. 그리고 정량화를 고집하였던 마이어처럼 "당신이 말하고 있는 것을 측정하고 수치로 나타낼 수 있다면 당신은 뭔가 알고 있는 것이고, 측정하거나 수치로 나타낼 수 없으면 당신이 안다고 하는 것은 형편없고 불만스러운 수준이다"라고 하였다. 이 엄격한 기준에 따르면, 그가 주장한 분산 법칙은 목적론적이고 다분히 종교적인 성격을 지녔기 때문에 만족할 수는 없는 것이다.

그러나 모호한 점이 있더라도 톰슨이 자신의 영역인 물리학에만 머물러 있는 동안에는 여러 면에서 이론을 만들고 검증할 수 있으므로 그 자신이 곤경에 빠지는 일은 없을 것이다. 그러나 그가 익숙하지 않은 영역으로 나아가서도 같은 이론을 적용하고자 하면서, 그 이론의 내용으로 더 큰 그림이 그려진 것을 이해하지 못하고 있는 경우에 그는 자신의 한계를 넘어서게 된다.

에너지 분산 법칙이 형성되었던 7년 사이에 과학의 대격변이 세계를 흔들었고, 톰슨은 죽는 날까지 이 논쟁에 끼어들게 되었다. 1859년 11월 24일 찰스 다윈Charles Darwin이 《자연 선택에 의한 종의 기원The Origin of Species by Means of Natural Selection》을 출판하였다. 톰슨은 혐오스러운 감정으로 이 책을 읽었고, 곧바로 그의 관점에서 이 책의 아킬레스건이라고 생각되는 것을 찾았다. 과학사학자

스티븐 브러시는 이 일을 "톰슨은 정립된 과학 이론이라도 그에 반하는 치명적인 주장 하나만 있으면 그 이론은 폐기될 수 있다는 일반적인 망상의 희생자였다"라고 예리하게 표현하였다. 이 실수는 견고한 다리에서 버팀목 하나만 빼내면 다리 전체가 쓰러질 것이라는 상상을 한 것이다. 특수 상대성 이론과 양자역학을 공격한 많은 아마추어 과학자들이 이런 잘못된 개념의 희생자가 되긴 하였지만, 켈빈 경 같은 위치에 있는 사람이 이런 일을 당한 것은 극히 드문 일이다.

쟁점은 진화가 일어나려면 엄청난 시간이 걸려야 하는데, 그 길이가 톰슨이 지구의 나이로 추정한 시간보다 길다는 것이다. 에너지 분산 법칙의 일반 원리로 추론하여, 그는 녹아 있는 지구의 표면에서 복사열로 나가는 열과 이를 보상하는 태양의 열을 비교하여서 지표면은 십억 년에서 이십억 년 사이에 굳기 시작하였다고 결론지었다. 반면 다윈은 '이해할 수 없이 장대하게' 시간을 늘려 말했고, 어떤 대목에서는 지질학적으로 34억 년 전이라는 추정을 하였다. 종의 기원이 나온 지 1년 반이 지난 1861년 6월, 한 동료에게 쓴 편지에서 톰슨은 "다윈이 잉글랜드 남부의 곳 몇 군데가 34억 년의 역사를 갖고 있다고 추정할 때 사용한 방법은 내가 보기에 확실히 문제가 있다는 것을 지적하고자 한다. 그가 수백만 년이라 한 것을 수천 년으로 바꾸어 읽어도 그가 언급한 사실들과 연관된 일이 일어날 확률은 변함이 없을 것이다"라고 경멸적으로 썼다. 생물학자와 물리학자 사이의 전쟁이 불붙은 것이다.

톰슨은 지구에서 태양으로 관심을 돌려서 지구 에너지의 원천인 태양 역시 다윈이 생각하는 방식으로 진화가 이루어지기에는 너무 역사가 짧다는 것을 증명하려고 많은 노력을 기울였다. 그는 태양이 에너지를 얻는 길은 태양 자체의 크기가 줄어들거나 운석이 와서 부딪히는 경우, 두 가지가 있다고 가정하였다. 이 두 과정 모두 폭포수가 데워지는 것과 비슷한 것이다. 즉, 중력의 위치 에너지가 열로 바뀌는 것이다. 다른 점이 있다면, 수축의 경우에는 물질이 이미 태양 안에 있는 것이고, 운석의 경우에는 물질이 바깥 우주에서 오는 것이다. 이런 가정으로부터 톰슨은 태양이 지구에 빛을 쪼여주기 시작한 것은 십억 년 전이 거의 확실하며, 오십억 년 전은 분명히 아니라고 결론지었다. 그러나 여기에서도 그는 "지금 우리가 알지 못하는 다른 자원이 위대한 창조의 보고에 준비되어 있지 않을 경우에만" 이러한 결론이 타당하다며 현명하게 피해 나갈 길을 마련하였다.

일반적으로 물리학자가 더 명성이 높고, 톰슨의 경우에는 특히 더 그랬으므로 다윈은 참담하게 패배하였다. 그는 진화론의 발전에서 자신의 경쟁자였던 A.R. 월러스A.R. Wallace에게 자신의 낙심을 이렇게 표현하였다. "나는 실루리아기 이전 시기에 일어났을 일에 많은 비중을 두어야 했는데, 야속하게도 톰슨 경이 끼어들었다." 1861년에 발간한 3판부터 다윈은 논쟁거리가 된 34억 년 전이라는 추정 부분을 빼버렸고, 나중에는 "이해할 수 없을 정도로 장대한"이라는 문구를 "매우 장대한"으로 바꾸었다. 19세기의 남은 기간 동안 생물학자와 지질학자는 톰슨과 그의 추종자가 퍼붓는 이론적인 공격에 대항할 방도가 없어서 다윈의 입장에서는 물리학자가 수학을 갖고 빼기는 것을 참는 수밖에 없었다.

맥스웰이 분자의 세계로 내려가는 길목에 있다는 연설을 한 지 1년 뒤인 1871년, 영국학회의 회장 연설에서 톰슨은 다윈의 이론에 강하게 반대하였던 배경을 드러냈다. 그가 못마땅했던 것은 진화론 그 자체가 아니라, 이 세상이 맹목적적인 우연의 지배를 받는다고 시사한 점이었다.

> 그 이론은 지속적으로 이끌고 조절해온 지적 존재를 충분하게 고려하지 않았고, … 어떻게 동물이 설계되었느냐에 대한 주장도 현재 있는 동물에 대해서는 제대로 맞는 것이 없고, … 그렇지만 우리 주변에 보면 지적 존재가 있고 모든 것이 감사할 만큼 잘 설계되었다는 절대적인 증거가 얼마든지 있어서 … 모든 생물은 언제나 계시는 조물주이자 지배자에게 의지한다는 것을 우리에게 가르치고 있다.

요약하자면, 그는 종교적 이유로 반대한 것이다.

톰슨은 자연을 역학적으로 해석한 최고의 권위자였지만, 그것은 물리학에만 한정되었다는 점에서 그는 이율배반적이었다. 지질학과 생물학에 대해 말할 때 그는 신의 섭리를 받아들이고 자연 스스로의 작동 원리가 있다는 것은 받아들이지 않았다. 그리하여 아주 명확하게 자신의 깊은 편견을 드러냈다.

톰슨은 태양과 지구와 생명과 인간을 창조한 그 힘이, 옷가지가 원래의 먼지로 돌아가듯 종국에는 이것들을 해체할 것이라 생각하였다. 그러나 이런 파멸적인 사건들이 나타나게 될 속도를 예측할 때 그가 사용한 근거가 충분치 않았다. 세기가 바뀌고 말년에 이르러서야 톰슨은 자신이 진실에서 매우 많이 벗어났었다는 것을 알게 되었다.

에너지가 낭비된다는 이론은 그의 종교적 믿음과도 잘 맞았지만, 빅토리아 시대의 사회적 위계질서에도 부합되었다. 사람들은 '고급quality'이라 불렸던 세습적 상류 계층과 대다수를 이루는 하류 계층으로 확연하게 나뉘어 있었다. 타락과 방탕으로 높은 곳에서 떨어지는 것은 소설에서 흔히 다루는 주제이지만, 낮은 곳에서 높은 곳으로 가는 반대 방향의 길은 매우 드물고 특별한 데에다 인위적인 노력이 필요하였다. 톰슨은 에너지에도 그가 살던 사회처럼 등급이 있다고 보았다.

낭비라는 말은 인간적이고 직관적으로 이해할 수 있는 것이므로 에너지가 낭비된다는 이론은 대중의 관심을 끌었다. 이런 관심은 세기말이 가까워지는 시점에서는 증폭되어서 종말론이라는 집단적 광기를 유발시키곤 한다. 이런 광기가 1890년대에는 '우주의 열죽음'에 집착하는 방식으로 나타났고, 그 당시를 풍미한 퇴폐적 비관주의와 무위론은 과학적인 근거로 정당성을 얻은 것처럼 보였다.

우주의 열죽음은 여러 가지의 작품에서 다루어졌다. 특히 프랑스의 아마추어 천문가 카미유 플라마리옹이 1893년 발표한《우주의 종말》이라는 책은 세계적인 선풍을 일으켰다. 이 책에는 강한 인상을 주는 판화 그림이 실려 있다. 이 그림에는 파도가 솟구쳐 올라가다 꽁꽁 얼어붙어서 만들어진 듯한 벽으로 둘러싸인

황량한 얼음판이 무시무시하게 묘사되어 있다. 그림의 앞부분에는 턱수염을 한 노인이 다 해진 옷을 입고 얼음 위에 엎드려서 주위를 마지막으로 그리고 절망적으로 돌아보는 모습이 있다. 그 옆에는 퀭한 눈과 예수와 같은 모습을 한 조금 젊어 보이는 남자가, 부러진 날개처럼 검은색 목도리를 바람에 펄럭이면서, 필연적으로 다가오는 종말을 헛되이 피하려는 듯이 다 떨어진 망토의 남은 조각을 필사적으로 끌어안은 채 맨발로 서 있다. 이들 중에서 가장 애처로운 사람은 남자들 뒤에 있는 바위 위에 앉아 자신의 아들을 보호하기 위해 껴안고 있는 짙은 색의 긴 머리를 한 어머니와 그녀의 아기이다. 이 악몽 같은 그림의 제목은 〈사악한 인간은 추위로 멸망할 것이다〉이다.

그러나 세상의 종말은 사람들이 생각했던 것처럼 그렇게 가깝지는 않았다. 톰슨도 생전에 자신이 크게 틀렸다는 것을 알게 되었다. 그것은 럼퍼드가 세운 과학의 전당인 런던 왕립학회에서 1904년에 있었던 한 강연에서였다. 마음의 눈으로 원자를 볼 수 있다고 하고, 실제로 십 년 뒤에는 원자의 핵을 발견하게 되는 어네스트 러더퍼드가 최근에 발견된 방사선 발생 반응이 지구 온도에 미치는 영향과 이로부터 추정되는 지구의 나이에 대해 발표하였다.

> 나는 어둑어둑한 강연장에 들어갔고, 청중 속에 켈빈 경이 있는 것을 보았다. 나는 곧 지구의 나이에 대해 그와 상반되는 관점을 제시할 강연의 마지막 부분에서 문제가 생길 것이라는 것을 깨달았다. 다행히도 켈빈 경은 졸고 있었다. 그러나 중요한 부분을 말

> 할 즈음에 그가 잠에서 깨서 눈을 크게 뜨고 나를 비난하는 눈빛으로 보고 있는 것을 깨달았다. 그때 갑자기 영감이 떠올라서 나는 켈빈 경은 새로운 에너지 자원이 더 발견되지 않는다는 전제하에서 지구의 나이를 짧게 추정하였다고 말했다. 그가 예언자처럼 했던 말은 바로 오늘 밤 우리가 다루고 있는 라듐을 가리킨 것이다. 보아라! 이 늙은이가 내게 밝은 미소를 보내고 있다.

러더퍼드는 단지 20세기의 새로운 에너지원인 방사능의 첫 번째 예를 보여준 것이다. 나중에는 핵융합, 핵분열, 블랙홀의 증발 등이 여기에 더해지게 된다. 이들을 모두 고려하면 우주의 열죽음은 상상할 수 있는 지질학적, 생물학적 시간 범위를 훨씬 넘는 시간 뒤로 미루어지기 때문에 과학자와 대중 작가들은 긴박감이 주는 흥미를 잃게 되었다. 누구나 젊을 때는 죽음이나 노후에 대해서는 별로 걱정을 하지 않는 법이다.

분명히 말하지만, 열죽음이 언젠가는 일어날 것이라는 주장에 대한 반론은 없다. 그렇지만 우주 대폭발에서부터 종말로 이어지는 우주의 역사는 너무나 복잡하고, 앞날을 실험으로 검증할 수는 없으므로 우리가 미래를 예측하기에는 불확실한 점이 너무 많아서 사람들은 더 이상 이 문제로 불안해하지 않는다.

러더퍼드가 새로 발견한 에너지는 궁극적인 것으로 이전까지는 생각도 못 하였던 거의 무한정의 자원에서 나온다. 그것은 우주의 모든 별과 은하 그리고 다른 물질 모두의 질량을 더한 것이다. 그러나 러더퍼드가 왕립학회에서 연설을 한 지 1년 뒤에, 그 유명한 $E = mc^2$이라는 공식으로 에너지와 물질은 상호 변환이 가능하다고 제안한 아인슈타인의 논문은 우주의 열죽음을 머나먼 미래로 연기시켰을 뿐 아니라 에너지의 개념을 근본적으로 재해석하도록 만들었다.

# 15

# $E = mc^2$

우리 눈 앞에 있는 세상은 물질도, 정신도 아니다.
세상은 보이지 않게 조직화된 에너지이다.

*—Heinz Pagels*

$E = mc^2$은《바틀렛이 선정한 자주 쓰는 인용 문구》라는 책에 나오는 유일한 수학 공식이다. 언어마다 다르게 읽히겠지만, 그 표현은 언어와 상관없이 항상 같으므로 아마도 책 전체에서 가장 많이 인용된 문구일 것이다. 그리고 아마 가장 이해가 잘 안된 것일 것이다. 그렇지만 책과 잡지에서, 우표, 만화, 광고, 티셔츠 그리고 심지어는 일상 대화에서도 이 공식은 난해하면서 가끔은 무시무시한 원자 물리와 핵무기의 세계를 일깨우는 일종의 마술 주문과 같이 나타난다. 동시에 이 공식이 갖는 정밀한 수학적 의미는 자연과학에서 가장 인상적인 몇 가지 기술적 발전에서 바탕이 되었다.

$E = mc^2$은 에너지에 대한 가장 간단한 공식으로서 에너지를 나타내는 여러 공식 중의 하나이다. 로베르트 마이어가 보존되는 어떤 양이 있다는 것을 생각하였지만, 그 보존되는 양이 갖는 무수히 많은 형태 하나하나가 거기에만 적용되는 공식이 있음을 깨닫게

되었다. 에너지는 무언가를 움직일 수 있는 능력이라고 정의한다면, 얼음 위를 미끄러져 가는 퍽은 다른 퍽에 부딪혀서 움직이게 할 수 있으므로 처음의 퍽에는 에너지(즉, 운동에너지)가 있다. 마이어는 운동에너지의 공식을 유도하느라 많은 고생을 하였다. 처음에 거절된 논문에서 그는 형편없이 잘못된 식을 제시하였고, 나중에 발표된 논문에서도 운동에너지 공식에서 1/2을 빠뜨렸다. 그러나 결국에는 이런 혼란은 해결되어서 모든 사람이 받아들이는 질량과 속도의 제곱의 곱을 반으로 나누는 공식이 성립되었고, 이를 학교에서 가르치게 되었다.

지면에서 들어 올려진 정지한 물체의 무게에 다른 종류의 에너지가 저장되어 있다. 위치에너지라고 불리는 이 에너지는 물체가 낙하하면 운동에너지를 가질 수 있기 때문에 존재하는 것이다. 마이어와 줄도 이를 무게와 높이의 곱으로 계산해 얻을 수 있음을 알아내어서, 마이어는 '낙하력 fall force'이라 불렀고 줄은 '작력 effort'이라 불렀다. 운동에너지와 위치에너지의 공식에 이들은 열의 일 해당량을 추가하여 열은 운동이고, 증기기관 등을 매개로 하여서 열이 운동을 일으킬 수 있다는 사실을 설명하였다. 그리고 줄은 전기모터가 소비하는 에너지 양을 계산하는 공식을 만들었다. 이런 준비 단계를 거친 다음 물리학자들은 압축된 스프링, 궤도를 도는 천체, 대전된 전도체, 전자석, 물결파, 빛, 소리, 전지, 생리화학 등 움직이거나 움직임을 일으킬 수 있는 잠재력을 갖는 계에 들어 있는 에너지 양을 계산하는 방법을 찾느라 바쁘게 움직였다. 1905년에는 말년의 루트비히 볼쯔만이 캘리포니아에서 엔트로피를 강의하고 있었고, 스물여섯 살의 특허국 직원 알베르트 아인슈타인Albert Einstein은 $E = mc^2$를 공식 목록에 추가하여 20세기 물리학의 도래를 알렸다.

사실, 이 공식이 오늘날의 명성이 시사하는 것처럼 극적으로 발견된 것은 아니다. $E = mc^2$이라는 공식은 되짚어 생각하여 나온 것이다. 기본적으로는 특수 상대성 이론에서 유도된 것이지만, 그의 상대성에 대한 첫 번째 논문이 발표된 1905년 6월까지도 아인슈타인은 이 공식을 아직 발견하기 전이었다. 3개월 뒤 그는 주석도 참고 문헌도 없는 단지 세 쪽 분량의 두 번째 논문을 제출하였는데, 이 논문의 주요 내용은 개념과 계산 결과로부터 이 공식을 유도하는 것이었다. 아인슈타인은 이 공식의 잠재된 중요성을 알아차렸지만, 개인적으로는 약간 조심스러웠다. 친구 콘라드 하비히트에게 보낸 편지에서 그는 "이 결론은 나를 즐겁게 하며 충분히 매력적이지만, 신이 나를 놀리며 웃고 있을지도 모를 일이다"라고 썼다.

그러나 논문에서 그는 예의 대담하고 예지적인 태도를 보였다. 소심한 과학자라면 사적인 곳에서는 대담한 추론을 하더라도 공적으로는 조심스러운 객관성이라는 가면 뒤에 숨겠지만, 아인슈타인은 불안감을 누르고 명성이 깎일지도 모를 위험을 무릅쓰고 물질과 에너지는 서로 변환 가능하다는 놀라운 주장을 하였다. 논문의 끝에 그는 언제나 그랬듯이 이 공식을 실험적으로 점검할 수 있는 방법을 제시하였는데, 이것은 이 공식이 맞는다는 것을 보여줄 수 있는 유일한 신빙성 있는 방법이었다. 그는 방사성 물질이 잃는 질량과 여기서 나오는 에너지를 비교하면 이 과정이 $E = mc^2$에서 예상되는 것을 따르는지를 보여주게 될 것이라 제안하였다. 30년 뒤에, 방사성 붕괴를 측정하는 방법이 발전하여 아인슈타인의 예상을 따라잡게 된 후에야, 이 공식이 실험적 증거와 정확히 맞는다는 증명이 가능하게 되었다. 그렇지만 이때는 이 공식이 맞는다는 것이 받아들여진 지 이미 오래된 뒤였다.

$E = mc^2$은 에너지와 질량과 빛의 속도를 하나의 작고 정교한 틀로 묶은 식으로서, 유도하지 않더라도 그 의미는 알 수 있다. $m$으로 나타낸 질량은 물체가 정지해 있을 때는 움직이지 않으려 하고, 움직이고 있을 때는 속도를 바꾸려 하지 않는 성질, 즉 관성을 나타내는 척도이다. 관성이란 자연이 가지고 있는 게으름의 증상이고, 우리는 그 정도를 질량으로 측정한다. 물리학자에게 관성과 질량은 같은 성질을 나타내는 다른 표현으로서, 관성은 정성적이고 질량은 정량적인 차이가 있다. 아인슈타인은 논문 제목을 〈물체에 포함된 에너지는 물체의 관성에 영향을 주는가?〉로 하고 질량에 대해서는 한마디 말도 없이 정성적인 단어를 사용하였다.

$E = mc^2$에서 질량과 에너지를 하나로 묶는 동시에 이 식을 묘하고도 많은 의미를 갖게 하는 요소가 바로 $c$로 나타낸 빛의 속도이다. 아이작 뉴턴이 완성한 고전 역학에서 운동과 질량은 빛이나 빛의 속도와는 아무런 연관이 없다. 빛의 거동은 맥스웰의 전자기 이론으로 설명할 수 있는데, 이에 따르면 빛은 진동하는 전자기장이다. 이 두 이론이 서로 부합하지 않는다는 것을 발견한 것이 아인슈타인의 업적이다. 빠르게 날아가는 제트기 앞에서 총을 쏘면

총알의 속도는 자신의 속도와 비행기의 속도를 더한 값이 되지만, 제트기의 전조등에서 나오는 빛은 정지해 있는 등에서 나오는 빛과 같은 속도를 갖는다. (직관과 다른 이렇게 희한한 사실은 전자기 법칙에서 유도되는 것으로서 실험으로 확인되었다. 이것은 설명할 수는 없고 받아들여야 하는 것이다.) 총알과 빛의 거동을 하나의 틀로 설명하기 위해서 아인슈타인은 이들의 속도를 계산하는 두 식을 하나의 식으로 묶었다. 이렇게 돌아가는 과정에서 상수 *c*(초당 약 30만 킬로미터)가 나와서 모든 운동을 묘사하는 데 사용된다. 그리고 에너지는 운동이나 운동을 할 수 있는 잠재력을 측정하는 것이므로 에너지 역시 *c*로 나타내어야 하는 것이다.

인자 $c^2$은 인간의 기준으로는 상상하기 어려운 거대한 값을 갖고 있어서 아인슈타인은 이 때문에 버터 등의 물체에 담겨 있는 에너지가 믿기 어려울 정도로 거대한 양이라는 것을 깨달았다. 그러나 그에게는 이 에너지를 활용할 수 있는 방법이 없었다. 1905년 겨울 당시의 과학은 물과 얼음이 공존하지만 물을 얼리거나 얼음을 녹일 수 있는 길이 없는 세계와 같았다. 아인슈타인은 에너지와 질량이 근본적으로 하나인 것이 보이는 두 가지 형태라는 점을 보였지만, 누구도 어떻게 하나를 다른 하나로 바꿀 수 있는지를 알지 못했다.

200년 전에 뉴턴은 이런 변환이 일어날 수 있다고 생각하였다. 그의 저작 《광학Opticks》 제3권의 30번째 문항에서 물질이 아닌 순수한 에너지의 한 형태인 빛에 관해 서술하면서, "물질이 빛으로, 그리고 빛이 물질로 변하는 일은 자연에서는 흔히 있을 수 있는 일이다. 자연은 변화를 즐기는 것처럼 보인다"라고 말했다. 그리고 오래되지 않아서 자연은 $E = mc^2$의 법칙에 따라서 물질에서 빛으로 그리고 빛에서 물질로 변환하는 것을 즐길 뿐 아니라, 거기에 푹 빠져 있다는 것이 밝혀졌다. 우주 대폭발 직전의 초기 에너지가 쿼크나 렙톤이라는 가장 기본적인 입자의 형태로 있었고, 이것들이 결합하여 우리 주변의 원자와 분자를 이루었다는 것을 천문학이 보여준다. 태양의 내부에서 물질이 녹아서 에너지를 만들고 이것이 빛의 형태로 우리에게 와서 이 세상에 생명을 불어넣어 준다는 것을 천체 물리학은 보여준다. 어네스트 러더퍼드가 노년의 켈빈 경에게 설명하였던 것처럼 지질학도 예외는 아니다. 지각 내부에서는 물질이 에너지로 변환하는 과정이 방사성 원소의 붕괴로 조용히 진행하면서, 미미하지만 열을 만들어서 지구를 데우고 있다. 이런 모든 변환은 뉴턴이 상상하였던 것과 아주 잘 맞아떨어지는 것이다.

결국에는 기술이 자연과 어깨를 겨루게 되었다. 원자로와 원자폭탄은 핵융합과 핵분열의 과정으로 핵연료의 전체 질량 중 극히 일부를 열과 빛의 폭풍으로 변환시키면서 질량이 에너지로 바뀐다. 실용성은 없어 보이지만, $E$를 $m$으로 바꾸는 반대 방향의 과정도 과학적으로는 매우 흥미로운 일이다. 한 예로 입자선 충돌 가속기에서는 가속기의 터널 안을 빠른 속도로 질주하는 작은 입자들을 서로 엄청난 힘으로 충돌시켜서 무거운 입자를 생성하는 과정에서 작은 입자의 운동에너지가 큰 입자의 질량으로 변환된다.

그러나 아인슈타인의 공식은 좀 더 깊은 철학적인 의미도 갖고 있다. 가장 초보적인 수준에서 보면 에너지는 물질이고, 물질은 에너지라는 의미를 가진다. 이런 관점에서 보면, 빛의 속도의 제곱이라는 인자는 줄 단위를 킬로그램 단위로 바꾸는 변환 인자일 뿐으로서 이것은 달러를 센트로 환산할 때 100을 곱하는 것과 비슷하다. 운동, 생동감, 변화의 뜻을 함축하고 있는 관성은 에너지와 정반대의 개념으로 들리기 때문에, 얼음과 물이 본질적으로 같은 것처럼 관성과 에너지도 동일하다는 사실은 이들의 관계가 모순적으로 보인다는 점에서 더욱 심오하게 느껴진다.

에너지가 물질로 다시 탄생하자, 에너지 보존 법칙은 다시 원래 자리로 돌아갔다. 로베르트 마이어가 하일브론으로 돌아가서 역사적인 발견을 향한 연역 작업을 3/4 정도 진행하였을 때, 그는 화학 반응에서 전체 질량은 변하지 않는다는 라부아지에의 질량 보존의 법칙을 생각하였다. (이제 우리는 열이 발생하거나 에너지가 화학적인 형태로 저장되는 일이 생기면 이 법칙은 성립될 수 없다는 것을 알고 있다. 그러나 질량을 에너지로 바꾸는 데 드는 값인 $c^2$이라는 인자가 엄청나게 크기 때문에 이런 과정으로 원자의 질량에 주는 영향은 너무 작아서 측정할 수 없는 양이다.) 마이어는 에너지 보존과 질량 보존은 비슷한 점이 있다는 것을 보았고, 아인슈타인은 더 나아가 이들은 하나라는 것을 밝혀냈다. 정신이 물질보다 추측할 수 없을 정도로 위대하다는 형이상학적 믿음을 가졌던 마이어에게 이러한 발견은 무척 받아들이기 어려운 일이었겠지만, 이것은 자연의 위대한 법칙 둘이 하나로 통합된 결과이다.

에너지 보존 법칙은 질량-에너지 보존 법칙으로 다시 태어나서 우리의 거친 감각세계에서 몇 안 되는 흔들리지 않는 이론의 이정표가 되었다. 관점과 일반성에서 이 법칙은 뉴턴의 운동 법칙과 맥스웰의 전기와 자기의 공식과 아인슈타인의 웅대하지만 작은 $E = mc^2$을 모두 뛰어넘는다. 이것은 낱낱이 떨어진 알갱이로 이루어진 원자의 세계를 확률의 늪으로 바꾼 양자역학의 혁명이 몰고 온 폭풍을 이겨냈고, 우주가 영구하고 단순할 것이라는 고대로부터 이어져 내려오는 관념을 부순 천문학적 발견의 홍수에서도 살아남았다. 이 법칙은 상상할 수 없이 작은 것에서부터 이해하기 힘들 정도로 커다란 것까지 모든 크기 범위의 것을 지배한다. 질량-에너지의 보존 법칙은 지금의 불확실성의 시대에서도 거의 절대적 진리라고 할 수 있는 법칙이다.

한편, 열역학 제2법칙은 아인슈타인에게 내내 어려운 문제로 남았다. 그는 역학과 확률론으로부터 이것을 유도하려고 시도했었는데 1905년 이전까지 세 번이나 실패하였다. 특수 상대성 이론이 진척을 보이자, 그는 1916년에 일반 상대성 이론으로 나중에 빛을 보게 될 중력 이론에 전력을 다하느라 열역학에 관한 연구는 중단하였다. 그러나 아인슈타인같이 시간의 의미를 탐구하는데 깊이 몰두한 사람에게 열역학 제2법칙이 시사하는 비가역성은 신비로운 호소력을 담고 있다. 그에게는 기적의 해인 1905년 이후 반세기가 지나 길고, 많은 것을 이루고 격동적이었던 경력을 끝내고 생을 마무리할 즈음에, 그는 젊었을 때부터 내내 시간이 흐른다는 것을 생각하면 신비롭게 느껴진다고 말하였다.

16

# 이 자리와 이 순간: 시간의 수수께끼

이 순간은 시간이라는 도화선에 붙은 불꽃처럼 달려간다.

—*George Santayana*

1955년 3월 15일, 알베르트 아인슈타인은 일주일 전에 죽은 친구 마이클 베소의 유족들을 위로하는 글을 썼다. 이 편지는 자신의 인생에 대한 고통스러운 토로로 시작한다. "제가 마이클에게 가장 감탄하였던 점은 그가 긴 세월을 한 여자와 그것도 그냥 평온한 것만이 아니라 항상 결속을 유지하면서 살았다는 점입니다. 저는 한탄스럽지만 두 번씩이나 실패를 했는데 말입니다." 계속해서 거의 60년 전에 쮜리히에서 대학생으로서 마이클을 처음 만났을 때와 중간에 서로 연락을 끊고 지냈던 일들을 회상하고 나서, 아인슈타인은 우울한 분위기를 떨치고 높은 곳으로 날아 올랐다. 그의 맺음말은 순수한 영혼의 힘으로 울리고 있다. "그는 이 이상한 세상을 마무리하며 또 한 번 저보다 앞섰습니다. 그것은 아무런 의미도 없는 것입니다. 설사 과거, 현재, 미래를 구분짓는 것이 확고해 보이더라도 물리 법칙을 믿는 우리에게는 단지 환영일 뿐입니다."

4주가 채 되지 않아서 아인슈타인은 그의 평생지기를 좇아 이 이상한 세상을 떠났다.

그가 시간을 환영이라고 한 것은 죽음을 앞두고 신비주의로 빠져든 것이 아니라, 세계의 구조에 대해 세심하게 고찰한 결과로 얻은 과학에 근거한 확신이었다. 누구에게나 그렇듯이 시간이라는 수수께끼는 아인슈타인에게 늘 매혹적인 것이었다. 어린애들도 다 아는 것 같지만, 왜 과거와 미래는 차이가 있을까? 시간은 강물처럼 항상 한 방향으로만 흐르는가? 되돌릴 수는 없는 것일까? 그리고 무엇보다 가장 신비스러운 것은 미래가 파도처럼 막 펼쳐졌다가 과거로 쓸려가는 그 중간에 있어서 우리가 항상 느끼고 있으면서도 잡으려 하는 모든 노력을 허사로 만드는, 우리가 '지금'이라 부르면서 경험하는 이것은 도대체 무엇인가?

고대 그리스 시대 철학자들이 운동에 대한 연구에 관심을 갖고 시간이 흐르면서 물체의 위치가 변하는 것을 관찰하면서부터 공간과 시간은 물리법칙을 받치는 틀을 이루었다. 갈릴레오와 뉴턴, 그리고 나중에는 아인슈타인 자신이 점점 더 깊이 운동을 분석하면서, 이 두 가지 서로 다른 개념이 서로 유사하다는 놀랍고도 더욱더 확실한 근거가 나와서 급기야 이 둘은 하나로 통합되었다. 1908년 쾰른에서 열린 물리학자와 의사의 모임에서 수학자 헤르만 민코프스키Hermann Minkowski는 청중에게 "내가 여러분에게 설명하고자 하는 공간과 시간에 대한 관점은 실험 물리학이라는 토양에서 나왔고, 그렇기 때문에 확실한 근거가 있는 것입니다. 이것들은 근본적인 것입니다. 이제부터는 따로 떼어놓은 공간과 시간의 개념은 어둠 속으로 사라질 운명에 처하게 될 것이고, 어떻게든 이 둘을 묶게 되면 독립적인 실체를 갖게 될 것입니다"라고 말할 수 있게 되었다. 민코프스키가 말한 시공간에 대한 추상적인 개념이 바로 아인슈타인이 과거와 미래를 떼어놓는 것은 환상이라고 말한 것이다.

상대성 이론의 관점에서 보면, 과거와 미래는 왼쪽과 오른쪽 또는 앞과 뒤를 구분하는 것 이상의 의미를 갖지 않는다. 이런 관점에서 시간을 앞이나 뒤로 간다는 것은 방 안에서 돌아다니는 것과 별반 다를 게 없다. 공간의 한 기준점을 책상의 한 모서리로 잡을 수도 있지만, 북극점이나 태양의 중심으로 잡을 수도 있다. 그 지점을 떠나더라도 떠났던 그 자리에, 상상 속에서라도, 되돌아갈 수 있다. 민코프스키가 보기에 시간이란 단지 우리가 살고 있는 세 개의 차원과 같은 속성을 갖는 네 번째 차원일 뿐이다. 이 세상의 모든 입자는 그 입자의 모든 역사를 나타내는 시공간의 4차원에서 뱀처럼 구불구불 이어진 가느다란 줄로 묘사될 수 있다. 이것을 그 입자의 세계선world line이라고 부른다. 세계선의 모든 점은 공간상의 특정 위치와 입자가 그 위치에 있던 순간의 시간을 표시한다. 우주에 있는 입자 전체는 커다란 스파게티 덩어리처럼 시공간을 채운 뒤엉킨 세계선의 뭉치로 나타낼 수 있다. 이런 그림에서 미래는 과거와 마찬가지로 명백하고 잡을 수 있는 것이다. 시간을 따라가거나 거슬러 가는 것은 공간에서 앞이나 뒤로 가는 것과 같이 관습의 문제이다. '지금'은 '여기'와 마찬가지로 기준점으로 생각할 때에는 임의적이다.

그렇지만 우리가 볼 때 분명 세상은 그렇지는 않다. 우리는 언제나 시간을 따라간다. 천둥이 번개 다음에 나오는 것처럼 '나중'은 '먼저' 다음에 온다. 기준점에 대해 생각해 보면, 한 지점을 잡아서 '여기'라 부르고 다른 사람에게 이것을 관찰하도록 할 수 있지만, 같은 식으로 '지금'을 잡는다면 이것은 바람 속에 내뿜는 담배 연기처럼 순식간에 사라져서 되돌릴 수 없다.

내가 스위스에 살았던 소년 시절, 나는 순간을 잡으려고 한 적이 있었다. 아마 내가 열두 살이었을 것이다. 어느 날 저녁 베젤에 계신 조부모 댁에 갔다가 기차로 돌아오는 길에, 나는 시간을 잡을 수 없다는 것에 대해 곰곰이 생각하기 시작하였다. 나는 기억 속에서 영원히 변치 않는 한순간, 어느 특정한 '지금'을 잡아서 고정하여 시간의 흐름을 정지시키기로 마음먹었다. 같은 여행을 이전에도 여러 번 했기 때문에 나는 곧 길 오른쪽으로 숲속 개간지 뒤쪽에 작은 탑과 붉은색 테두리에 노란색으로 칠한 벽돌로 만든 아치길이 있는 낭만적인 작은 저택이 있는 성이 나타날 것이라는 것을 알고 있었다. 펠트쉴뢰쉔 또는 사냥꾼의 숙소라는 이름을 가진 이 성은 나의 모험심을 자극하고 온갖 상상 속의 영웅담을 내보였다. 아주 훗날, 나는 그 성이 어느 유명한 양조회사의 것이고 그 회사의 상표에 쓰인다는 것을 알게 되었다.

나는 긴장한 채 최대한 집중해서 그 순간을 잡으려고 준비하였다. 기차가 그 개간지를 막 지나려는 순간 나는 '지금'이라고 중얼거리면서 채집한 나비처럼 그 순간을 꿰었다. 그 짧은 순간 동안 나 자신과 나의 생각, 느낌, 그리고 (익숙한 스위스 열차의 객실, 규칙적으로 들리는 바퀴 소리, 열린 창으로 들어오는 따뜻한 바람, 너도밤나무 숲과 개간지, 석양에 비스듬히 조명을 받고 있는 저택 등의) 나의 주변을 모두 의식하고 있었다. 그리곤 금세 그 명료한 순간은 광대하고 무심한 과거의 모래 언덕으로 사라졌다.

내가 살아 있는 한 나는 그 순간을 잃지 않을 것이다. 그 자체로는 그저 평범한 한순간이지만, 한 호기심 많은 소년이 그의 시간의 기준점으로 삼았기 때문에 그 순간은 특별한 것이 되었다. 나중에 그 사건을 시공간으로 완전히 묘사하기 위해 펠트쉴뢰쉔의 위치를 찾아봤더니 그곳에서 언덕 너머로 아인슈타인이 고등학교를 다녔던 아라우 시가 있다는 것을 알았다. 여기에서 그는 나중에 상대성 이론으로 꽃피게 될 무언가에 처음으로 희미하나마 호기심을 갖게 되었다.

아인슈타인은 시간의 순간성에 대해 많은 생각을 하였다. 그는 잘 아는 철학자에게 '지금'의 문제에 심각하게 고민 중이며 이것이 과학으로 객관적으로 이해되지 않아 어렵다는 이야기를 한 적이 있었다. 그는 '지금'의 핵심이 될 무언가가 있는데 그것이 과학으로는 닿지 않는다고 느꼈다. 그는 우리가 왜 '지금'이 다른 순간과 다른지를 알게 되면, 과거와 미래를 구분하는 것은 인간의 완고한 환상일 뿐이라는 것을 밝히게 될 것이라 기대하였다.

공교롭게도 시간의 본성에 대한 첫 번째 확실한 단서는 시나 철학 등의 인문학이나 심리학이 아니라, 기술과 실질적 공학이 맞닿은 응용에 많이 치우친 물리학에서 나왔다. 열역학의 창시자 사디 카르노는 증기기관의 성능을 향상시키려는 목적으로 앞으로든 뒤로든 쉽게 움직일 수 있는 가역적 기관이라는 추상적인 개념을 고안하였다. 이 개념을 일반화하면서 그는 모든 과정을 '가역적'인 것과 '비가역적'인 것으로 구분하였고, 그리하여 시간의 수수께끼를 과학적으로 분석할 수 있는 용어를 만들었다.

영화로 이야기하면, 가역 과정이란 단순히 필름이 앞으로나 뒤로 돌 가능성이 같은 과정이다. 예를 들어 공이 구르거나 튀면서 에너지를 잃지 않는 가상의 당구 경기에서 공이 여러 차례 부딪히는 과정을 생각해보자. 그런 일이 실제로 일어날 수는 없지만 비슷하게는 할 수 있고, 카르노는 이런 일을 쉽게 상상하였다. 이런 과정을 영화 스크린에서 본다면, 영사기가 앞으로 도는 것인지 반대로 도는 것인지 알 방법이 없다. 왜냐하면 모든 과정이 가역적이기 때문이다. 또 다른 예로, 진공을 날아가는 야구공을 생각해보자. 공을 치거나 받는 것을 보지 않고서는 아무리 똑똑한 방법을 써도 필름이 앞뒤 중 어디로 돌고 있는지를 측정할 방법이 없다.

반면에 유리창이 깨지는 장면이나 잉크가 물에 퍼지는 장면이 있는 필름은 바로 어느 쪽이 옳은 방향인지를 알려준다. 리처드 파인만은 필름을 거꾸로 돌렸을 때 관중이 웃기 시작하면 비가역적 과정이라는 것을 알 수 있다고 하였다. 이런 방식으로 자연에서 일어나는 모든 일을 가역적인 것과 비가역적인 것으로 구분할 수 있다. 조금만 생각하면, 가역성 또는 비가역성의 정도를 재는 방법을 고안해낼 수도 있다. 물체가 공기 중에서 떨어지는 것은 상당히 가역성이 높다. 왜냐하면, 공기 저항이 떨어지는 운동과 올라가는 운동 사이의 차이에 주는 효과가 잴 수는 있지만 매우 작기 때문이다.

카르노는 가역성의 개념을 증기기관에서 효율이 떨어지는 원인을 피할 수 있는 것과 피할 수 없는 것으로 구분하고자 노력하는 과정에서 생각하였지만, 이것의 의미는 그런 한정된 기술에 응용되는 것을 훨씬 넘는다. 이것을 도입하여 얻게 된 진짜 소득은 이것이 시간의 의미를 밝히는 데 도움을 주었다는 것이다. 왜냐하면, '지금'이 갖는 미스터리의 전부는 아니라도 대부분은 이 세계가 비가역적이라는 데에 원인이 있기 때문이다.

내가 펠트쉴뢰쉔에서 가졌던 그 순간이 마법과 같이 느껴졌던 이유는 정확히 무엇일까? 그 사건의 외적 조건의 대부분은 다음 날 하더라도 그대로 재현되거나 적어도 비슷하게 할 수 있을 것이다. 내가 같은 기차의 같은 칸에 있고 날씨가 바뀌지 않았다면, 스위스 사람들은 정확하므로 같은 장소를 같은 시각에 지날 수 있었을 것이다. 나는 같은 장면을 보고 나의 '지금'을 또 한 번 만들 수 있었을 것이다. 그리하면, '지금'을 신비롭게 하는 '지금'의 유일성을 없앨 수 있었을 것이다.

그러나 물론 자세히 관찰해보면 무수히 많은 변화가 순간순간의 장면 곳곳에서 발견될 것이다. 눈에 보이지는 않겠지만 나는 조금 더 커졌고 더 나이 들었을 것이고 나의 마음은 전날의 기억으로 채워졌을 것이고, 수풀과 나무는 가을로 향하는 길을 한 걸음 더 나아갔을 것이다. 바람 속의 분자는 새로운 것일 것이고, 원자를 볼 수 있는 현미경이 있다면 내가 앉았을 자리의 표면도 엄청난 차이를 보였을 것이다. 이러한 모든 변화가 비가역성의 증거가 될 수 있다. 아니, 나의 소년 시절의 '지금'은 지극히 고귀하고 유일한 것으로 영원히 사라져 버렸다.

아인슈타인이 보기에 변덕스러운 인간의 지각 능력보다는 당구공과 전자와 행성을 가역적인 길을 따라가도록 하는 영구불변의 법칙이 세상을 이해하는 데 더 확실한 기반을 제공하는 것이다. 그는 불행하게도 이런 법칙들이 인간이 느끼는 '지금'과 잘 맞지 않는 것을 알았다. 반면, 비가역이라는 현상에서 '지금'이 갖는 미스터리의 대부분이 나오므로, 이것은 확실하게 과학적 탐구의 대상이 될 수 있다. 유리창이 깨지거나 뜨거운 물체에서 찬 물체로 열이 흐르는 등의 과정에서 나오는 비가역성은 3차원 공간에는 없는 방향성을 시간에 부여한다. 시간의 흐름이 앞으로 나아가는 방향성, 즉 시간의 화살이 있기 때문에 시간을 과거와 현재와 미래로 구분할 수 있게 된다. 이 때문에 사람들은 진보라는 환상을 고집스럽게 갖는 것이다. 그리고 아인슈타인도 잘 알고 있었듯이, 그것은 열역학 제2법칙에서 가장 그럴듯하게 과학적으로 표현된다.

# 17

# 시간의 화살

시간은 흘러서 절대 되돌아오지 않는다.
물리학을 공부하는 나에게는 이런 사실이 무척 불만족스럽다.

*—Leon Brillouin*

짝수를 더해서 홀수를 얻을 수는 없다. 아무리 많은 숫자를 꿰더라도 이것은 틀림없는 사실이다. 마찬가지로 시간의 비가역적인 화살은 가역적인 과정을 갖고서는 만들어낼 수 없는 것처럼 생각하기 쉽다. 그렇지만 자연에서 펼쳐지는 비가역적인 일들을 들여다보면, 원자 수준에서는 무수히 많은 완벽하게 가역적인 과정으로 이루어져 있어서 자연은 이런 일을 할 수 있는 것처럼 보인다. 이런 기본적인 모순 때문에 에너지 보존의 열역학 제1법칙은 불확실한 우주에서 확실함의 횃불로 변함없이 앞을 밝히고 있는 반면, 열역학 제2법칙은 여전히 신비와 모호함의 장막에 가려져 있었다.

뉴턴과 아인슈타인의 역학 법칙, 맥스웰의 전자기 방정식, 원자의 양자역학 그리고 사소한 예외 하나를 제외하면 쿼크 등 기본 입자에 대한 현대적 이론은 모두 시간에 대해 대칭적이다. 이들

법칙에 잘 따르는 기본적인 과정을 담은 필름은, 모두 뒤로 돌려도 물리적으로 가능하며, 완전히 정상적이어서 특기할 만한 일이 없는 과정을 보여준다. 어떻게 이 세상에 분명히 있는 비가역성이 가역적인 기본 요소들에서 나오는 것일까?

루트비히 볼쯔만이 물질을 이루는 원자에서 엔트로피의 의미를 발견한 이후로 이 물음은 물리학자들을 줄곧 따라다녔다. 사실, 볼쯔만 자신이 해답을 제시하였고 대부분의 과학자는 이를 믿었다. 하지만 일찍이 젊은 시절의 아인슈타인을 비롯하여 매우 많은 이론가들이 열심히 이 문제에 도전하였지만, 원자 하나하나가 겪는 가역적인 과정에서 시작하여 그 법칙을 엄밀하게 수학적으로 증명한 예는 아직까지 없다. 그런 증명이 언젠가는 이루어질지, 아니면 반대로 그 법칙이 현재 다른 물리학의 기본 공리와 함께 향유하고 있는 독립적인 위치를 지키게 될지는 알 수 없는 일이다.

볼쯔만은 비가역성의 근원을 엔트로피의 실체를 밝힐 때와 같이 확률의 대수학, 즉 우연과 커다란 숫자에 근거하여 설명하였다. 볼쯔만과 함께 연구하기도 했던 물리학자 폴 에렌페스트Paul Ehrenfest는 자신의 방식으로 생각하는 사람이다. 그는 1907년에 게임 하나를 고안하였다. 이 게임은 많은 가역적인 과정이 어떻게 무작위적으로 일어나며 비가역성을 띠게 되는지를 아주 명확하게 보여주는 사례이다. 맥스웰의 도깨비를 불러 이 게임을 해보도록 하자.

TV에서 복권 추첨할 때 쓰는 것과 같은 큰 항아리 두 개와 1번부터 100번까지 번호가 매겨진 탁구공 100개가 있다고 생각해보자. 100개의 홈이 있는 원반같이 1부터 100 사이의 숫자를 무작위로 만들어내는 도구가 필요할 것이다. 이 게임의 규칙은 아주 간단하다. 처음에 도깨비는 무작위로 추출한 공 75개를 한쪽 항아리에 넣고 나머지 25개를 다른 항아리에 넣는다. 그다음에 그는 무작위로 숫자 하나를 만들어 그에 해당하는 공을 한 항아리에서 찾아낸 다음 다른 항아리로 옮기는 일을 반복한다.

처음에 그가 잡은 숫자가 31이라고 하자. 첫 번째 항아리에 공이 더 많이 있기 때문에 31번 공이 여기에 있을 확률은 다른 항아리에 있을 확률보다 3대 1로 더 높다. 그러므로 첫 번째 공을 옮기게 되면 많이 채워진 항아리에서 덜고 적게 채워진 항아리에 더할 가능성이 그 반대로 될 가능성보다 세 배 높다. 첫 번째에 어떻게 되었느냐에 따라서 두 번째 공—41번이라 하자—의 확률은 3대 1에서 낮아지거나 높아질 것이다. 그리하여 처음 항아리는 점차 비게 되고 두 번째 항아리는 채워지게 된다. 지칠 줄 모르고 숫자를 뽑고 공 옮기기를 여러 차례 한 다음에, 도깨비는 항아리가 둘 다 반에 가깝게 차 있고, 조금씩 들쭉날쭉하는 것을 빼면, 이 상태에서 변함이 없게 되었다는 것을 알려줄 것이다. 어느 공이나 반 넘게 채워진 항아리에 있을 확률이 더 높으므로 항상 50대 50의 비율이 되려는 경향이 있을 것이다.

에렌페스트의 모형은 많은 면에서 실제 세계를 정확하게 반영한다. 구성하고 있는 개체 수가 많고 무작위로 상호작용(예를 들면, 항아리 사이에서 공을 옮기는 것)이 일어날 횟수는 무제한적이다. 항아리가 배치된 방법이나 게임의 규칙 어디에도 한쪽이 다른 한쪽보다 유리하지 않기 때문에 공 하나하나를 옮기는 것은 완전히 가역적인 과정이다. 그렇지만 이렇게 대칭적인 상황에서 시간의 화살이 마술처럼 나타난다. 두 항아리가 같은 양으로 채워지는 경향이 시간의 방향을 정한다.

이 두 항아리를 이용한 게임은 설득력 있게 열의 흐름에 비유될 수 있다. 같은 금속 덩어리가 두 개 있고 하나가 다른 하나보다 뜨거울 때, 이 둘을 서로 닿게 하면 통계학적으로 들쭉날쭉한 것을 제외하고는 이들이 같은 온도를 갖게 되는 평형에 이를 때까지 열은 비가역적으로 낮은 곳으로 흐를 것이다. 에렌페스트의 게임이 갖는 장점은 이런 과정의 진행 상황을 확률의 대수학으로 예측할 수 있다는 것이다. 컴퓨터를 이용한 전산모사는 더 쉽게 할 수 있다. 이에 따르면, 75와 25로 시작한 공의 개수를 나타내는 그래프는 불규칙하게 아래위로 튀겠지만 평균적으로는 서로 접근해서 평형에서 만나게 된다.

그러나 예상치 못한 일이 일어날 가능성도 있다. 도깨비가 매일, 매주, 아니 지겹게 해를 넘기면서 이 일을 하고 있다고 생각해 보자. 통계학적으로 매우 요동이 심하게 일어나고 요행수가 연달아 나와서 한쪽 항아리에 공이 75개 그리고 다른 항아리에 25개가 들어가는 일이 나오지는 않겠는가? 사실, 이런 일은 가능한 정도가 아니라 확실하게 일어나야 한다. 숫자를 무한히 나열하면 모든 가능한 배열이 한 번도 아니고 무한히 여러 번 나올 것이다. 가끔씩은 공이 75개가 들어가거나 심지어는 100개가 모두 한 항아리에 들어가는 일이 양쪽 항아리에서 일어날 것이고, 더 드물겠지만 37번 공만 내리 삼백 번 양쪽을 왔다 갔다 하는 일도 생길 것이다.

궁극적으로 모든 가능한 일은 반드시 일어난다. 이것이 무한이 가진 놀라운 능력이다.

그리고 이 점이 시간의 화살이 갖는 모순이다. 열이 비가역적으로 흐른다는 사실에 대하여 설득력 있는 역학적 모형을 찾자마자 이 모형은 되돌아와서 우리의 발목을 잡는다. 우리는 아주 가끔씩은 열이 높은 곳으로 흐를 수 있다는 것을 받아들여야만 할 것이다. 부엌 식탁 위에 식히려고 올려둔 찻잔은 오래 두면 어느 날인가 저 혼자서 끓는 일이 생기고, 유리잔 물에 푼 잉크는 다시 한 방울로 뭉치는 일이 생길 것이다. 이런 일이 일어날 때마다 마치 시간 그 자체가 거꾸로 흐르는 것 같이 보일 것이다. 간단히 말해서 우리는 열역학 제2법칙이 절대적인 열역학 제1법칙과는 달리 단지 통계적 속성을 갖는다고 결론짓게 된다.

이 '단지'라는 수식어가 맥스웰을 고민에 빠뜨렸다. 엔트로피에 대한 클라우지우스의 정의와 볼쯔만의 해석이 나오기 전이라서 이런 것들에 대해 알 리가 없었겠지만, 맥스웰은 친구 피터 테이트에게 다음과 같은 편지를 썼다. "도깨비에 대하여: ① 누가 그들의 이름을 지었는가? 톰슨. ② 그들은 어떤 성질을 갖는가? 매우 작지만 마찰이나 관성이 없는 밸브를 열고 닫는 일만 할 줄 아는 존재. ③ 그들의 존재 목적은 무엇인가? 열역학 제2법칙이 단지 확률론적 확실성만 갖는다는 사실을 보이는 것." 모든 위대한 물리학자가 그랬던 것처럼, 맥스웰은 증명이 있기 훨씬 전에 진실의 냄새를 맡았으며, 이를 확인하기 위해서 비밀스러운 그의 대리인을 내보냈던 것이다.

다시 에렌페스트의 게임으로 돌아가보자. 이 게임에 들어가는 횟수가 무한하다는 것이 이 게임에서 가장 중요하면서 아마도 파악하기가 가장 어려운 점일 것이다. 한 항아리가 다시 채워지는 일을 보게 되리라는 예측이 합리적인 것으로 되려면 도깨비는 엄청나게 오랜 시간을 기다려야 한다. 사람의 일생 중에 그런 요동을 볼 수 있는 확률은 그만큼 매우 작다. 이런 인위적인 계산을 계속하는 대신 보다 실제적인 예를 생각해보자.

실온에서 공기로 채워진 1리터짜리 병을 생각해보자. 공기 분자의 수는 백이 아니라 조 곱하기 조—1 다음에 0이 24개—가 된다. 양자역학을 이용하면 병의 부피, 압력, 온도를 변화시키지 않고 이 분자들의 위치와 속도를 재배열시킬 수 있는 방법의 가짓수를 계산할 수 있다. (에렌페스트의 모형에서는 이 숫자가 공 백 개를 항아리 두 개에 나누어 넣는 방법의 수이다.)

카오스, 통계학, 그리고 거대한 수의 성질에 관해 깊이 연구하고 있는 수리 물리학자 데이비드 루엘David Ruelle은 이 어려운 주제에 대해 매우 세련된 글을 쓰는 사람이다. 그는 이 숫자를 어림 계산하였는데, 우리는 이를 '괴물 같은monstrous'이라는 뜻으로 M이라 부르기로 하자. M은 우주 대폭발 이후 현재까지의 시간을 초로 잰 숫자나, 우주 전체에 있는 원자의 수, 보이는 우주의 직경을 인치로 나타낸 숫자보다 훨씬 큰 수이다. 사실 M은 일반적인 직관에서 너무 동떨어져 있어서 어떤 사람은 강한 거부감을 보이기도 하고 어떤 사람은 과도한 열성을 보이기도 한다고 루엘은 말한다. 그는 이 숫자를 모두 다 적으려면 자신의 전 생애를 다 쏟아부어도 모자라기 때문에 이를 적을 수가 없었다. 대신 그는 이 숫자의 자릿수만 세었다.

루엘에 따르면, M의 자릿수만 어림셈한다면 본질적으로 1리터에 들어 있는 공기의 엔트로피가 되는 숫자를 얻을 수 있는데, 이 숫자 자체도 스물두 자릿수를 갖는다. M은 대략 10의 10제곱의 22제곱이다.

이제 공기 분자가 무작위적으로 이 M 가지의 배열 방법 중의 한 가지로 재배열된다고 생각해보자. 한 번 재배열할 때마다 걸리는 시간을 생각해보자. 그것이 일 초가 되든 12조분의 1초가 되든 문제가 되지 않는다. 분자들이 모든 가능한 배열을 무작위적인 순서로 한 번씩 돌아간다면, 모든 분자가 병 바닥에 한 덩어리로 뭉친다든지 하는 평형에서 많이 벗어난 어느 특정한 비정상적인 상태가 되기 위해서는 얼마의 시간이 걸릴까?

M이 상상을 초월하기 때문에 그 답도 상상을 초월한다. 그것은 우리가 생각할 수 있는 가장 긴 시간, 즉 우주의 나이보다 훨씬 길고, 그만큼 이런 식의 비교는 적절하지 않게 된다. 그 시간이 너무 길어서 볼쯔만은 이것을 무한이라고 했다. 따라서 그는 실제의 상황에서는 언제나 평형으로 가려는 경향을 가지며, 여기에서 벗어나는 일은 한 번도 있을 수 없다고 제안하였다. 즉, 극히 심한 변이는 절대 있을 수 없다는 것이다. 엄청나게 큰 수와 상상하기 어려운 작은 수를 다룰 때면 수학자와 물리학자는 서로 의견을 달리하게 된다.

그렇지만 그 숫자가 시간의 화살에 관한 볼쯔만의 통계적 해석을 뒷받침하지만, 원리상의 문제는 여전히 남는다. 특히, 두 항아리 모형에서 나오는 결론을 뒤집게 되는 실제 세상에서 일어나는 중요한 점을 빠뜨리고 있다. 예를 들면, 공을 옮기는 것은 이전에 했던 일과는 전혀 상관이 없지만, 실제 기체에서는 그렇지 않다. 분자들은 서로에게 힘을 주고 있어서 서로 다른 배열들이 서로에게서 독립적일 수가 없다. 아주 멀리 떨어져 있던 분자 두 개가 서로 가까이 왔다고 하자. 이들이 서로 끌어당긴다면, 다음에 있을 배열에서 다시 서로에게서 멀어질 확률은 줄어든다. 실제 사건 사이에는 상관관계가 있으므로 서로 독립적이라는 가정하에 하는 통계적 계산의 신빙성은 떨어지게 된다.

병 안의 공기를 주위와 완전히 분리시켜야 하는 실제적인 문제는 차치하고서라도, 상관관계와 뉴턴 역학에서는 간결하게 표현되는 입자의 궤적을 확률의 구름으로 번지게 만드는 양자역학적 요건과 모든 상호작용에서 시간의 흐름이 조금이라도 늦춰져야 한다는 특수 상대성 이론의 요건을 고려하고, 예측이 가능하도록 분자들의 배열을 정밀하게 관찰하는 것이 그 계산에 포함된다면, 이런 모든 복잡한 내용이 고려된다면, 에렌페스트의 모형과 루엘의 공기 모형 사이에 있었던 비슷한 점은 사라지게 된다. 공기가 갖는 실제 효과의 어떤 면은 실제로 볼쯔만의 가설을 뒷받침하고, 어떤 것은 그 가설에 반하지만, 이들을 모두 정복하려 한다면 이론물리학의 앞날은 길고 파란만장할 것이다. 열역학 제2법칙이 보다 깊은 공리에서 나오는 단지 하나의 수학적 정리가 될런지 아니면 천체물리학자 아서 에딩턴Arthur Eddington이 '지고의 자연법칙'이라고 불렀던 것처럼 독자적인 위치를 유지하게 될런지는 아무도 모르는 일이다.

많은 문제점이 있지만, 두 항아리 게임은 특별히 중요한 이 세계의 일면으로 관심을 집중하게 한다. 시간의 화살이 나오려면 이 게임은 공이 75－25처럼 평형에서 벗어나도록 배분된 상태에서 시작해야 한다. 도깨비가 공이 50－50으로 평형에 가깝게 배분된 상태에서 시작했다면 시간이 흐르는 방향을 감지할 수 없었을 것이다.

75－25와 같이 배분된 상태를 만들어낼 수 있는 방법의 수가 50－50보다 작기 때문에 50－50보다 더 정돈되었다고 한다. 이는 만들 수 있는 방법이 단 하나뿐인 100－0과 같은 극단적인 경우를 생각하면 아주 명확하게 알 수 있다. 이에 반하여, 백 개의 공을 공평하게 두 묶음으로 나누는 방법의 수는 그 자릿수가 대략 서른 개가 된다. 열역학적 용어로 하면 보다 잘 정돈된 배열은 낮은 엔트로피에 해당하므로 에렌페스트의 게임을 하기 위해서는 엔트로피가 낮은 상태에서 시작해야 한다. 이렇게 해야만 열역학 제2법칙에 맞게 엔트로피가 증가한다고 예상할 수 있게 된다.

찻잔이 식는 것 같은 실제로 일어나는 비가역적 과정에 적용하는 경우에는 처음 상태가 평형에서 벗어난 조건을 갖고 있어야 한다는 것은 자명하다. 이런 조건이 없이는 아무 일도 일어나지 않는다. 실내 온도와 같은 온도, 즉 평형에서 시작한 찻잔을 찍은 영화는, 다섯 시간 동안 잠자는 남자(공교롭게 그는 나의 대학 시절 단짝이었던 존 지오노이다)를 찍은 앤디 워홀의 전설적인 영화와 같은 것이다. 존 자신도 영사기가 앞으로 도는지 뒤로 도는지 구분할 수 없을 것이다. 시간의 화살을 보여주기 위해서는 찻잔은 주변 공기보다 더운(또는 찬) 상태에서 시작해야 한다.

그러나 한 가지 특별한 경우에는 초기 조건이 단순히 정돈되어 있기만 하면 되는 것인지 확실하지 않다. 사실, 이 문제가 보이는 시사점은 많은 생각을 하게 한다. 이 경우란 루돌프 클라우지우스가 처음으로 열역학 법칙을 대담하게 적용하였던 우주이다. 볼쯔만의 생각이 맞다면, 우주는 믿기 어려울 정도로 정돈된 상태에서 시작해서 계속 흐트러진 상태로 퇴화하고 있어야 한다. 19세기에는 빅뱅이론이 개발되기 전이었고 우주론이 물리학의 분야로 인정받기 전이어서, 볼쯔만은 엄청난 내용을 담은 이 추론의 결과가 갖는 의미에 대해 단지 추측만 할 수밖에 없었지만, 그는 예의 그 두려움 모르는 태도로 꿋꿋이 나아갔다. "이 세상은 … 극히 불가능해 보이는 초기 상태에서 시작했다. 이것은 이론 전체에 깔린 기본 전제 중의 하나이다. 그 이유는 왜 이 세상이 다른 모습이 아니라 지금의 모습이 되어야 하는지에 대해 알 수 없는 것처럼 알 수 없는 것이다."

백 년이 지난 지금 우리는 우주의 초기 조건이 갖는 의미를 조금은 더 잘 이해하고 있다. 처음에 우주의 모든 에너지가 구슬보다 작은 구에 집약되었을 때, 마델린의 방에 있는 모든 것이 옷장에 들어갔을 때처럼 질서는 최고치였다. 이에 더하여, 양자이론은 우리가 화살의 다른 쪽 끝, 즉 현대판 열죽음에도 주목해야 한다는 것을 알려주었다. 쿼크 이론을 개발하여 노벨상을 받은 미국인 학자 머레이 겔만Murray Gell-Mann은 최근에 쓴 글에서 다음과 같이 볼쯔만의 생각을 보충하였다. “열역학에서 말하는 시간의 화살의 근원은 단순한 우주의 초기 조건과 … 이와 다르지 않은, 우주 역사의 확률에 대한 양자역학 공식의 최종 조건에서 찾을 수 있다.” 물론 그는 우리가 아직 그 공식을 써 내려갈 단계에 이르려면 한참 멀었다는 설명도 함께 하였다.

이제 막 피어나기 시작한 양자 우주론의 입장에서 보면, 시간의 화살이 요구하는 초기 조건이 극도로 질서가 잡혀 있어야 한다는 사실은 축복이라 할 수 있다. 우주가 어떻게 진화하였는지를 알려면, 우주가 어떻게 시작하였는지를 알아야 한다. 우리가 직접 우주의 초기 상태를 관찰할 수 없으므로, 일이 어떻게 시작하였는지를 말해주는 이 강력한 이론적 주장에 감사해야 한다. 양자 우주론이 발전되기를 기다리고 있는 지금 우리는 볼쯔만의 아이디어를 인간 지성의 승리로 받아들인다. 이것은 우리를 이 세상에서 겪는 일상적인 경험으로부터 100억에서 200억 년 전으로 시간을 거슬러 가서 놀라울 정도로 평온한 초기 우주를 바라볼 수 있는 곳으로 데려가는 마법의 융단으로서 열역학 제2법칙을 사용하고 있다. 시야의 넓이와 대담성이라는 면에서 볼 때 이것은 단연 돋보이는 과학 이론이다.

맥스웰의 도깨비: 열과 시간의 비밀

# 18

# 도깨비의 죽음을 알리는 4개의 부고

여기서 잠시 동안 우리의 좋은 친구 맥스웰의 도깨비에게 감사합시다.
비록 그가 잠수함을 움직이는 동력을 만들어내는 데 도움을 주지는
못하지만 말입니다. 아마도 그는 자연에서 일어나는 일과 그것을
들여다보는 길을 이해하는 데에 훨씬 더 유용한 일을 했을 것입니다.

—W. Ehrenberg

열역학 제2법칙은 자신이 가리키는 방향으로 우주의 역사가 흐르도록 강요한다. 이 법칙은 우주가 온 길을 되돌아가지 못하게 한다. 과학자들이 도깨비를, 열역학 제2법칙을 거스르고 시간의 흐름을 막을 수 있는 능력을 갖고 있는 듯한 저 끈질긴 괴물을 두려워하는 것은 당연한 일이다. 물리학자에게 좋은 도깨비란 죽은 도깨비이다. 그러나 그의 죽음을 알리는 부고가 여러 번 되풀이되었다는 사실에서 알 수 있듯이, 그는 죽어 있기를 거부한다.

*1914년: 역학적 도깨비(47세), 열에 굴복하다*

폴란드 과학자 마리안 폰 스몰루코프스키는 자동으로 움직이는 도깨비는 열을 받아서 브라운 운동이라는 조절할 수 없는 무작위적인 진동을 하게 되므로 열역학 제2법칙을 거스르라는 과제를 수행할 수 없다는 것을 발견하였다.

그러나 역학적 도깨비는 죽음 속에서도 우리를 깨우치고 가르쳐준다. 브라운 운동 때문에 맞은 그의 죽음은 예상치 못했던 통계적 변이, 또는 평균적 거동에서의 벗어남이 갖는 중요성을 각인시켰다. 흔치는 않지만 없을 수는 없는 (그래서 내 딸애들이 동전 열 닢을 던졌을 때 앞면 여섯 개로 나오지 않아서 문제가 되었던), 이런 일탈이 없다면 한 줌의 먼지가 햇살 속에서 춤추는 일도 없을 것이고 꽃가루가 물방울 위에서 미끄럼을 타는 일도 없을 것이다. 통계적 변동이 없다면, 작은 분자가 많이 있는 가운데에 큰 물체가 들어가더라도 모든 방향에서 항상 일정한 평균 압력을 느끼게 되므로 언제나 평형상태가 될 것이다. 달리 말하면, 브라운 운동이 사라질 것이다. 브라운 운동이 사라진다면 맥스웰의 역학적 도깨비, 즉 압력 밸브는 공기로 채워진 두 개의 용기 사이에 장착되어서 남는 열을 버리지 않고 일을 만들어낼 수 있으므로 열역학 제2법칙이 성립되지 않을 것이다.

그러므로 도깨비의 죽음은 평균에서 벗어나는 일, 별로 달갑지 않고 무시할 수 있으면 딱 좋을 일이 사실은 엔트로피의 법칙이 성립하기 위해서는 꼭 필요한 것이라는, 예상치 못하였던 절묘한 메시지를 준다. 이후로는 역학적 도깨비가 창밖으로 내던져졌기 때문에 열역학 제2법칙에 대한 논의를 할 때는 반드시 변이의 효과를 감안하지 않을 수 없게 되었다.

스몰루코프스키는 끝에 가서 자기의 예상이 빗나갈 경우를 대비한 방책을 마련하였다. 역학적 도깨비에게 사망 선고를 한 다음에 그는 지능이 있다면 브라운 운동의 효과를 피해가는 길을 찾을 수도 있을 것이라면서 맥스웰이 원래 고안한 도깨비를 되살려놓았다. 그래서 지능 있는 도깨비가 과학의 전당으로 뛰어 들어오게 되었다.

*1929년: 지능 있는 도깨비(62세), 측정 자료 앞에 쓰러지다*

헝가리의 뛰어난 물리학자 레오 질라드Leo Szilard는 열역학의 기반에 대한 졸업 논문으로 베를린 대학에서 박사학위를 받았다. 나중에 그는 그의 세대에서 독창적인 업적을 남긴 사람 중의 하나가 되었다. 그는 일반 대중에게 잘 알려진 사람은 아니었지만, 그는 훗날 유명하게 된 동료들에게 아이디어로 영감을 주었던 뛰어난 천재였다. 그는 알베르트 아인슈타인과 함께 기발한 냉장고를 발명하여 스위스 특허를 얻은 적이 있고, 금전적으로는 아무런 수확도 없었지만, 엔리코 페르미와 함께 최초의 원자로를 발명해서 특허를 얻기도 하였다. 그는 원자탄이 만들어질 수 있다고 예견하고, 헝가리인 동료 에드워드 텔러와 함께 아인슈타인의 서명에 앞서 루스벨트 대통령에게 원자탄 개발을 요청하는 청원서 초고를 작성하였다. 제2차세계대전 이후 질라드는 핵무기 폐기를 촉구하는 영향력 있는 국제기구 퍼그워시 회의를 설립하는 데 참여하였다. 퍼그워시 회의는 1995년 노벨 평화상을 수상하였다.

1929년에 질라드가 〈지능 있는 존재의 간섭으로 … 엔트로피의 감소〉라는 제목의 논문으로 도깨비를 죽이려 했을 당시, 이 모든 일들은 모두 먼 훗날의 이야기였다. 제목에 나오는 '엔트로피의 감소'는 질서의 증가를 뜻하고 열역학 제2법칙에서 어긋남을 의미한다. 열역학 제2법칙을 믿고 있던 질라드는 도깨비가 하는 일을 철저하게 시험하고자 하였다.

그는 맥스웰의 난쟁이 대신 거의 전적으로 역학적으로 작동하지만 특정한 시점에는 지능 있는 존재가 관여하게 되는 여러 가지 상상의 기구를 고안하였다. (이 도구들은 기가 막히게 그럴듯해서 오늘날까지도 논쟁거리가 되고 있다.) 질라드는 측정을 하기 위해서는 반드시 지능이 필요하다는 사실을 발견하였다. 예를 들어 맥스웰이 고안한 고르는 도깨비도, 날아다니는 분자를 식별하고 위치와 속도와 방향을 측정한 후에 그것을 통과시킬 것인지 막을 것인지를 결정한다. 질라드는 이러한 측정을 하는 과정에서 열역학 제2법칙의 구조대가 있음을 알아내었다.

그는 실제의 모든 측정에는 반드시 버려지는 것이 있다는 (훨씬 뒤에는 잘못되었다고 밝혀지게 되는) 가정을 하였기 때문에, '측정에는 필연적으로 엔트로피가 만들어지게 된다'라고 결론지었다. 그리고 자신이 고안해낸 기구들로 측정해보고, 질라드는 모든 경우에서 지능이 있는 존재는 정확하게 열역학 제2법칙에서 요구하는 만큼의 열을 발생시킨다는 것을 알아내었다. 도깨비가 다시 죽은 것처럼 보였다.

직관적으로는 측정이 에너지를 써버린다는 것은 분명해 보인다. 동전을 세고, 감자의 무게를 재고, 토지를 측량하는 등의 활동에는 일이 따르고 땀이 난다. 이런 활동을 역학적인 면에서 보면 곳곳에 마찰과 저항이 있어서 버려지는 것이 있다. 더구나 측정한 숫자를 기억하는 것도, 생명체의 두뇌나 기계의 기억장치에 물리적인 변화가 있어야 함을 감안해야 한다. 질라드의 주장은 설득력이 있었다.

불행스러운 일이지만 그가 아무리 천재적인 예를 생각해낸다고 하더라도, 그것만으로 증명이 되지는 않는다. 질라드가 생각한 방법으로 열역학 제2법칙을 수학적으로 증명하려면, '측정'이라는 모호한 단어로 뜻하는 것을 일반적이고 정량화할 수 있고 보편적으로 적용할 수 있는 정의를 하여야 하는데, 그런 것은 있을 수 없다. 질라드의 분석이 시사하는 점은 많지만 도깨비를 죽일 수는 없었다.

이러한 단점에도 불구하고 질라드가 한 일은 우리가 물리 이론이 갖는 의미를 이해하는 데 중요한 기여를 하였다. 질라드가 박사학위를 받은 해에 젊은 물리학자 베르너 하이젠베르크는 이론 물리학을 형성하는 데 결정적으로 중요한 기본적인 과정으로서 측정을 하는 행위 자체에 초점을 맞추어 일련의 추론 작업을 시작하면서 양자역학 분야를 개척하게 된다. 측정 메커니즘에 집중하면서 질라드는 양자역학과 열역학을 연결 짓는 작업의 첫 번째 시도를 한 것이다. 이는 최근에 다시 연구의 중심으로 떠오르게 된 주제이다. 가장 기본적인 수준에서 측정은 속성상 원자 세계를 설명하는 양자역학과 실험실과 같은 거시세계를 지배하는 열역학을 세밀하게 조합하여야만 이해할 수 있다는 인식이 커지고 있다. 1929년 이 통찰 앞에 도깨비는 여러 개의 목숨 중 두 번째 것을 희생하였다.

### *1950년: 정보 획득 비용, 도깨비(83세)를 부수다*

결정성 물질에 대한 선구적인 업적으로 세계적으로 인정받는 프랑스 물리학자 레옹 브리유앵Leon Brillouin은 미국의 IBM에 합류한 후 컴퓨터 과학의 기본 원리에 관심을 가지게 되었다. 그는 이것들을 활용하여 〈맥스웰의 도깨비는 작동 불능이다: 정보와 엔트로피〉라는 제목의 논문을 썼다. 거의 같은 시기에 홀로그래피를 발명한 데니스 게이버와 사이버네틱스(인공두뇌학)의 창시자 노버트 위너도 비슷한 결론에 도달했다.

질라드가 한 것처럼 측정하는 행위에 초점을 맞추는 대신 브리유앵은 그가 정보라고 적절하게 이름 붙인, 측정의 결과에 집중하였다. 측정을 묘사하려면 필연적으로 특정 기구에 대해 언급해야 하고 따라서 복잡하고 장황하게 되지만, 측정의 결과는 항상 수치로 간략하게 할 수 있다. 그러므로 측량기사가 우리 집 마당의 넓이를 어떻게 재는지를 설명하려면 세오돌라이트(경위의)와 나침반 읽기 등 복잡한 이야기를 해야 하지만, 예를 들어 1.18에이커 등으로 나오는 최종 결과는 간결한 정보의 덩어리이다. 브리유앵은 도깨비를 분석할 때 도깨비가 정보를 얻는 방법을 기술하지 않고, 그가 얻고 사용하는 정보로 나타낼 수 있다면 이런 분석은 일반화되고 강력한 것이 될 수 있다는 희망으로 작업을 진행하였다.

'정보이론information theory'이라고 불리는 새로운 학문이 탄생하여 질라드의 추론을 정보라는 개념으로 시험하게 된 동력이 되었다. 벨 연구소의 수학자 클로드 섀논Claude Shannon은 나중에 세련되고 엄밀하면서 막강한 정보이론으로 발전하게 되는 연구 프로그램을 시작하여서 1948년에 획기적인 논문을 발표하였다.

이 이론의 필수적인 도구는 메시지가 전달하는 정보의 양을 측정하는 양이다. 한 메시지가 어떤 긴 숫자에 담겨 있다고 하자. 이 메시지에 담긴 정보의 양을 정량적으로 나타내기 위해 샤논은 그 숫자의 자릿수를 셀 것을 제안하였다. 이 기준에 따르면, 예를 들어 3.14159는 3.14보다는 두 배, 3보다는 여섯 배 많은 정보를 전달한다. 이 방법과 ("엔트로피는 경우의 수의 자릿수이다"라는) 볼쯔만의 묘비에 새겨진 저 유명한 공식이 비슷하다는 데 감명을 받은 샤논은 그의 공식을 '정보 엔트로피information entropy'라고 이름 지었다.

언뜻 보기에 이 아이디어는 아인슈타인이 에너지와 관성을 연결 지은 것처럼 모순되어 보인다. 어쨌든 정보는 바람직하고 유용하고 가치 있는 것인 반면 엔트로피는 정반대로 무질서, 낭비, 쓰레기를 의미한다. 그러나 이 모순은 단지 겉보기에만 그럴 뿐이고 수식어구 하나만 붙이면 쉽게 해결된다. 볼쯔만의 엔트로피는 '잃어버린 정보'인 것이다. 우리가 공기 1리터에 들어 있는 모든 분자의 속도와 위치를 다 안다고 가정하자. 우리가 갖고 있는 정보는 최대치가 되고, 질서는 완벽하여서 엔트로피는 가장 낮은 값을 가질 것이다. 그렇지만 물론 우리는 이런 정보를 갖고 있지 않다. 그것은 잃어버린 것이다. 우리가 공기 분자가 가질 수 있는 모든 가능한 속도와 위치의 조합의 수를 다 센다면, 우리는 데이비드 루엘이 추정하였던 괴물 같은 숫자 M을 얻게 된다. 이로써 이 M이라는 글자는 새로운 의미를 갖게 된다. 즉, M은 '괴물 같은monstrous'

에 더해 '잃어버린missing'도 의미한다. 이 숫자의 자릿수가 엔트로피이다.

요약하면, 엔트로피와 정보는 서로 밀접한 연관성이 있다. 정보를 얻는다는 것은 엔트로피가 줄어드는 것과 같다. 우리가 더 많이 알수록 우리는 우주에 더 많은 질서를 부여한다. 반대로, 카드를 뒤섞거나 유리잔에 담긴 물속에서 잉크가 확산되거나 유리판이 깨지는 등의 흩어지는 과정에 본래부터 들어 있는 정보의 손실은 엔트로피의 증가와 함께 일어난다. 볼쯔만의 공식은 무질서도와 함께 잃어버린 정보도 측정하는 것이다.

브리유앵은 "정보와 엔트로피는 같은 것이다"라는 샤논의 이론을 이용하여서 도깨비를 몰아내었다. 골라내는 능력을 갖춘 도깨비는 재주를 피워 엔트로피를 낮추지만, 그러기 위해서는 먼저 그가 보는 분자에 대한 정보를 얻어야 한다. 이런 활동은 열역학적인 비용이 들고, 이 비용은 샤논의 공식으로 계산할 수 있다. 이렇게 해서 단지 보고 측정하는 것만으로도 도깨비는 열역학 제2법칙을 보존할 수 있는 양만큼 세상의 엔트로피를 증가시킨다는 것이 밝혀졌다.

이리하여 브리유앵은 질라드보다 더 확실하게 도깨비를 처치하였다. 도깨비의 이번 죽음은 정보가 추상적이고 잡히지 않고 주관적이고 심리적인 개념이면서 동시에 일이나 열, 에너지와 같은 구체성을 갖는 실제적인 물리적 양이라는 놀라운 제안을 이끌어 내었다. 이 명제는 일반적인 생각에서 근본부터 벗어난 것이라서 이후로 물리학의 근본에 대해 추론을 할 때마다 등장하게 된다.

브리유앵, 위너, 게이버 등이 엔트로피를 정보와 연결 지어서 도깨비는 세 번째 죽음을 맞이하게 되었다. 몇몇 세부적인 내용에서 오류가 발견되기도 하지만 이 혁신적인 이론에 의해 물리학은 새로운 시대를 맞는다. 백 년 전에는 에너지라는 추상적이고 비물질적인 양에 대한 아이디어가 튀어나와 물체, 운동, 힘과 같이 보다 직관적으로 와 닿는 뉴턴의 개념과 쌍벽을 이루게 되었다. '정보'는 에너지보다 더 구름 같고 추상적이어서 이를 물리학에 도입하기는 쉽지 않을 것이다. 그렇지만 결국 물리학이 컴퓨터과학과 (다름 아닌 인간의 생각을 이해하는 목적을 갖는) 인지과학과 만나게 되면, 정보라는 개념은 분명히 제 대접을 받게 될 것이다. 그리고 20세기의 딱 반이 지난 시점에서 그 첫 번째 만남을 도깨비가 주선하였다.

*1982년: 도깨비(115세), 쓰레기통에 빠지다*

물리학자들은 수 세대 동안, 측정과 정보 획득을 제대로 감안하면 도깨비는 작동하지 못한다는 질라드와 브리유앵이 내린 선고문을 아무 문제 없이 받아들였다. 하지만 그런 와중에도 점점 더 많은 수의 수학자와 컴퓨터 과학자들이 이 논리에 의문을 품게 되었다. 그중에서 대표적인 사람이 IBM에 있던 찰스 베넷Charles Bennett이다. 그는 매우 뛰어난 과학자로서 노벨상을 받은 머레이 겔만은 그를 "프랑스 남부 지방에서 궁전과 궁전을 여행하던 음유시인의 현대판이다. 찰리는 궁정에서 노래했던 사랑 대신에 복잡성과 엔트로피, 양자 컴퓨터와 양자 암호에 대해 노래한다"라고 비유했다.

그와 비슷하게 자유분방하고 인습에 얽매이기 싫어하는 IBM 동료 롤프 랜다우어Rolf Landauer가 이전에 했던 통찰에 근거하여, 베넷은 측정과 계산이 들어가는 정보 획득이 필연적으로 에너지의 비가역적 손실과 연결된다는 일반적인 믿음에 도전하였다. 그는 브리유앵이 주장한 것과는 반대로 원리상으로는 컴퓨터가 에너지를 잃지 않으면서도 작동할 수 있다는 것을 보였다. 이를 위해 그는 일련의 가상의 기계적 컴퓨터를 고안하였는데, 이것들은 임의로 마찰을 낮게 줄일 수 있는 매끄럽고 정교하게 만들어진 주판처럼 작동하는 것이다. 베넷은 브리유앵이 갖지 못한 결정적인 논리적 이점을 갖고 있었다. 브리유앵은 어떤 장치에는 비가역적 손실이 있다는 것을 보일 수 있었으나, 모든 것이 그렇다는 것을 보일 수는 없었다. 베넷은 그의 관점을 증명하기 위해서 가역적으로 작동하는 컴퓨터가 단 한 가지만이라도 있다는 것을 보여주기만 하면 되었다.

가역적으로 작동하는 컴퓨터에서 시작해서 베넷은 도깨비로 나아갔다. 그는 도깨비가 가역적으로 계산을 할 수 있다면 측정 역시 가역적으로 할 수 있다고 주장하였다. 그 방법은, 빛이 어떻게 발생하고 흡수되는지에 대한 이론 전문가인 브리유앵과 게이버가 선호하였던 광학 측정장치를 훨씬 덜 정교하지만 마찰 없이 작동하도록 할 수 있는 기계적 장치로 바꾸는 것이다. 이렇게 해서 베넷은 브리유앵의 추론에서 예상치 못했던 결점을 찾아냈고, 정보는 가역적인 방법으로 모으고 조작할 수 있고, 따라서 측정할 때마다 엔트로피가 증가해야 할 필요가 없다는 것을 밝혀냈다. 이로써 지능 있는 도깨비가 다시 살아나게 되었다.

랜다우어와 베넷의 논문을 읽으면 이상한 느낌을 받게 된다. 도깨비가 갖고 있던 손전등과 광학 검출기는 매우 잘 연마된 피스톤과 마찰이 없는 압력계로 바뀐다. 전자장치와 디지털 컴퓨터는 찰스 배비지가 발명한 빅토리아 시대의 컴퓨터와 비슷하게 생긴 이상한 기구가 대신한다. 물리학에서 처음 나타났던 역학이 가장 최근에 나타난 전자공학 대신 들어선 것이다. 사디 카르노의 아버지가 묘사하였던 것과 같은 구닥다리 기계가 현대의 기기가 너무 복잡해져서 잃어버렸던 교훈을 가르쳐 줄 수 있다는 사실을 발견하는 일은 재미있으면서 안도감을 주는 일이다.

도깨비의 존재에 대한 물리학자들의 깊은 회의감에 이끌려 베넷은 최종 단계의 분석을 하였고, 그럼으로써 또 한 번 놀라운 것이 발견되었다. 그는 계산을 위해서는 종이테이프나 전자 기억장치, 자기테이프 등에 임시로 정보를 저장해야 한다는 것을 깨달았다. 랜다우어에 따르면 지우개로 지우거나, 저장 기록기(레지스터)를 지우거나 기억장치를 재설정하는 등으로 정보를 파괴하는 일은 비가역적이다. 만약 도깨비가 무한한 기억장치를 갖고 있거나, 무한한 양의 빈 종이를 갖고 있다면 열역학 제2법칙을 거스를 수 있을 것이다. 그러나 끝에 가서는 우주는 유한하기 때문에 다음 계산을 하기 위해서 그는 주기적으로 노트나 자기테이프를 지워야 하고, 이로써 그는 열역학 제2법칙을 유지할 만큼 열을 발산하게 된다.

도깨비에 대한 베넷의 최종적인 관점은 이런 것이다. 이 도깨비는 백 년 동안 기체로 채워진 두 상자 사이의 문 앞에 쪼그리고 앉아서 지켜보고, 측정하고, 판단하고 있다. 그러나 그는 관찰하는 것을 머리로 생각하는 대신 손으로 작동하는 작은 계산기로 일을 하고 계산기는 결과를 종이로 만든 테이프에 기록한다. 새 종이가 밖에서 들어오고 사용한 테이프가 기계에서 나와 끝도 없이 흘러나간다면, 도깨비는 분자를 골라내고 분자의 무작위적 운동에 담겨 있는 에너지를 끄집어낼 수 있다. 이 분석에서 종이테이프를 무시한다면 도깨비는 열을 내버리지 않으면서 기체에서 일을 만들어내어 열역학 제2법칙을 거스르게 된다. (현실적으로는 그가 럼퍼드 백작의 조언을 받아들여서 종이를 태우는 것이 더 효과적일 것이다. 무한한 양의 테이프가 있다면 무한한 양의 에너지를 공급할 수 있기 때문이다.)

그러나 도깨비가 짧은 테이프를 쓰고 주기적으로 지우면서 재활용하기로 하였다면, 그는 열역학 제2법칙의 효과를 보존할 만큼의 에너지를 발산하고, 엔트로피를 만들어내고, 무질서를 만들 것이다. 도깨비의 기억에서 쓸모없이 남겨진 숫자를 지우는 비용을 제대로 감안하면 도깨비는 작동할 수 없게 된다. 그는 과학의 전당 밖으로 내동댕이쳐진다.

이렇게 마지막으로 창밖으로 내쳐진 일에서 얻는 교훈은 맥스웰의 도깨비에 대해 1914년 이후부터 이해하게 된 것 중 가장 중요한 대목이다. 쓰레기를 처리하는 데 드는 비용을 무시하면 우리가 무한한 자원이 있는 세상에 살고 있다는 착각을 하게 된다. 도깨비에 대한 베넷의 분석은, 정보를 얻는 것보다는 버리는 것이 비용이 더 든다는 것을 알려주고, 경제를 생각할 때 쓰레기 처리

비용을 반드시 고려해야 한다는 것을 늦게나마 세상이 깨우치게 된 사실을 반영한다.

20세기 동안 도깨비는 네 번이나 창밖으로 내동댕이쳐졌고 사망하였다는 판정을 받았다. 처음 세 번은 기어들어 왔지만, 현재는 그의 존재를 부정하는 것으로 과학계에서 공감대가 이루어졌다. 이에 따르면, "그가 어떤 새로운 가면을 쓰더라도 그는 열역학 제2법칙을 거스를 수 없다." 그러나 그렇게 선언한다고 해서 불굴의 정신을 막을 수는 없을 것이다. 비록 그가 맥스웰이 시킨 일을 할 수는 없게 되었더라도 그가 물리학계를 혼란스럽게 하고, 귀찮게 하고, 속이고, 오도하고, 정보를 주고, 영감을 줄 수 있는 길은 매우 많다. 비록 그는 사망하였지만, 그의 전기 작가들은 "이 귀여운 것이 그 어느 때보다도 더 생동감이 있다"고 느끼고 있다.

맥스웰의 도깨비: 열과 시간의 비밀

# 19

# 새로운 엔트로피

엔트로피 개념은 오래전에 나왔지만, 퇴색하지 않는 신기함의 광채와 깊이를 알 수 없는 향기를 간직하여 왔다. 그것은 앞으로도 우리가 놀랄 일을 갖고 있을지도 모른다.

—Peter Landsberg

도깨비의 가장 최근 모험에 대해 알아보고자 나는 뉴멕시코주의 로스앨러모스 국립연구소의 워즈텍 주렉 Wojciech (Wojtek) Żurek을 만나러 갔다. 알부쿼크 공항에서 나오는 길은 세상과 담을 쌓은 부자들의 저택이 있는 산타페 주변의 숲이 우거진 언덕을 지나 이 부자들의 주머니를 노리고 인디언들이 지은 휘황찬란한 카지노가 흩어져 있는 황량한 계곡을 통과한다. 흙탕물이 흐르는 리우그란데강을 건너서, 메사의 가파른 경사로를 오르고 두어 번 아찔하게 회전을 한 다음, 마침내 기가 막힌 계곡의 경치가 보이는 꼭대기로 올라간다. 이렇게 고통스러운 여정은 반세기 전에 처음으로 원자탄을 만든 사람들이 비밀 작업을 위한 장소로 왜 이렇게 동떨어진 메사의 꼭대기를 선택하였는지를 설명해준다.

제2차세계대전이 끝난 후, 로스앨러모스 국립연구소는 평화적인 내용의 다양한 과학 탐구로 연구 영역을 넓혔지만, 무기 연구도 지속하고 있다. 사실, 주렉의 비서에게서 내가 미국인이라는 것을 확인하려는 전화를 받은 다음엔 경비, 검문소, 명찰 등 (국가) 보안 장치를 보게 될 것이라 예상하였는데, 막상 이론 천체 물리학 부서가 있는 구역에 가보니, 밋밋한 관청 건물이 하나 있고 문은 활짝 열려 있었다. 안내판에 표시된 대로 복도를 따라갔더니 그의 이름이 적힌 문이 나타났다. 그 옆에는 그가 조직 책임자로서 또는 초청 연사로서 참가하였던 세계 각지에서의 학회를 알리는 이런저런 포스터—성공적인 과학자라는 명예의 상징—가 붙어 있었다. 주렉은 양자역학의 해석과 열역학의 근본에 대한 몇 가지 문제 해결에 깊이 있고 종종 매우 독창적인 기여를 해서 국제적인 명성을 쌓았다. 나는 역학적 도깨비에 대한 전산모사를 통해 그의 이름을 처음 알게 되었다.

사십 전후의 주렉은 큰 키에 헐렁한 노란색 셔츠와 청바지를 유니폼처럼 입은 모습으로 나를 맞았다. 그는 "어서 오십시오"라고 말하면서 내 손을 열정적으로 펌프질했다. 그의 머리 뒤로는 붉은 금발이 뒤엉켜 멋진 후광을 만들면서 잘 다듬어진 (끝이 뾰족한) 반다이크식 턱수염과 강한 대조를 이루고 있었다. 커다란 매부리코 위에 움푹 들어간 그의 눈은 환대와 관심으로 나를 응시하였다. 그는 묘하게도 나의 상상 속에 있는 도깨비를 연상하게 하였다.

나의 방문 목적을 설명하자, 주렉은 폴란드 사람 특유의 억양이 섞였지만 완벽한 영어로 엔트로피의 새로운 정의에 대한 그의 생각을 이야기하기 시작했다.

"이전의 정의에서는 무엇이 문제입니까?"라고 내가 물었다.

"두 가지입니다" 그가 말했다. "첫 번째로는 카드 뒤섞기 묘기가 있고, 두 번째는 시간이 한참 흘렀는데도 맥스웰의 도깨비의 시체는 아직도 움찔거리고 있어 더 지켜봐야 합니다" 그의 대답을 듣고 내가 제대로 찾아온 것을 알았다.

카드 뒤섞기 묘기란 숫자와 모양 순서로 정렬된 카드를 보여주고, 철저하게 섞어서 완전한 무질서가 된 것을 확인시킨 다음, 다시 섞고 나서는 득의양양하게 카드를 상 위에 펼쳐놓는 사람의 이야기이다. 기적처럼 순서대로 정렬되었을 것을 기대하며 보는 당신은 카드가 이전과 마찬가지로 마구잡이로 되어 있는 것을 보고 놀라게 된다. 그렇지만 섞은 사람은 자랑스럽게 미소 지으면서 당신에게 도전한다. "당신이 이렇게 할 수 없다는 데에 걸겠습니다."

내기에 응하면 안 된다. 상 위에 놓여 있는 순서를, 그것이 어떻게 되었든지 간에, 그대로 만들어내는 것은 당신이 예상했던 어떤 방식의 질서 잡힌 순서로 만드는 것만큼 어려운 일이다.

이런 어이없는 묘기는 질서가 갖는 중요한 성질을 잘 보여준다. 상 위에 펼쳐서 카드의 순서를 알게 되면, 그 순서는 완벽한 질서를 갖게 된다. 숫자와 모양을 체계적으로 정리한 상태와 마찬가지로 질서가 잡힌 상태이다. 보기에 따라서는 마구잡이로 보이거나 정돈되어 있을 수도 있지만, 뒤섞인 카드를 사전에 정한 특정한 순서로 배열하는 확률은 8 다음에 0이 67개 있는 수의 역수이다. 달리 말하면, 질서는 에너지나 시간의 개념처럼 절대적인 기준으로 정의할 수 없는 것이다. 그것은 몹시 파악하기 힘든 개념이다.

물리학에 적용하게 되면, 카드 뒤섞기 묘기는 맥스웰이 어려

위하여 도깨비에게 구원을 요청하였던, 역학의 확실성과 열역학의 확률론적 속성 사이의 불일치를 나타낸다. 공기로 가득 찬 병이 있고, 그 안에 있는 분자 하나하나의 속도와 위치를 다 안다고 가정해보자. 고전 역학에 따르면, 병 속의 공기에 대해 모든 것을 다 알기 때문에 어떤 일이 일어날지도 예측할 수 있다. 예를 들면, 분자 운동의 형태로 병 안에 저장된 에너지를 쉽사리 계산할 수 있고 에너지 보존 법칙인 열역학 제1법칙이 적용될 것이라는 점을 확실하게 예상할 수 있다. 그러나 이 배열에서 엔트로피는 0이다! 통상적인 해석에 따라서 보면, 상 위에 펼쳐진 카드와 같이 잃어버린 정보도, 무작위성도, 무질서도, 엔트로피도 없는 것이다. 그러므로 확률론을 끌어들이지 않으면 공기의 엔트로피를 맞게 계산할 수 없고, 따라서 열역학 제2법칙을 수식으로 나타낼 수도 없다. 열역학 제2법칙은 고전 역학에서 하는 정상적인 과정과 합치하지 않는 것처럼 보인다.

주렉은 수정된 엔트로피의 정의를 제안했다. 그는 이로써 기존 엔트로피의 정의가 안고 있는 기회의 대수에서 오는 불확실성과 모호성을 줄이고, 대신 자연현상에 대한 역학적 모형과 맥스웰이 익숙했던 줄 타는 도깨비로 대변되는 확실성을 높이고자 했다.

도깨비가 움찔거리는 것에 대해 말하자면, 비가역성은 정보를 폐기하는 데서 나온다는 베넷의 발견으로 도깨비는 묘한 입장에 처하게 되었다. 재활용된 테이프를 사용하는 동안 그는 일순간이나마 열역학 제2법칙을 거스를 수 있다. 그가 새로운 기록을 하기 위해 사용한 정보를 지우려고 할 때만 일이 다시 제대로 돌아가게 된다. 열역학 제2법칙이 성립되는지 아닌지는 제멋대로 행동하는 도깨비의 변덕에 달린 것 같아 보인다. 자연의 지고의 법칙은 이보다는 더 견고한 방식으로 만들어져야 할 것이다!

주렉은 이런 모호한 점을 고치고자 알고리즘적 무작위성algorismic randomness 또는 알고리즘적 복잡성algorismic complexity을 이용하여 새로운 엔트로피의 정의를 내렸다. 이 알고리즘적 무작위는 확률에 기대지 않고 어느 숫자 또는 모여 있는 자료에서 무작위한 정도를 측정하기 위해 1960년대에 소련과 미국의 수학자들이 도입한 수학적 개념이다. 예를 들어, 이것은 012345678901..., 3141592653..., 417308629406... 등으로 나열된 수가 갖는 무작위성을 상대적으로 측정한다. 직관적으로 첫 번째 숫자는 예측할 수 있는 것이기 때문에 다른 두 숫자보다 덜 무작위적이라고 느끼게 된다. 그러나 자세히 보면 두 번째 숫자는 숫자 π에서 소수점을 빼고 앞부분을 나타낸 것이라는 것을 알 수 있다. 이것은 보편성이 있는 숫자로서 무한대까지 모든 자리의 수를 알 수 있다. 그러면 이 세 가지 숫자의 배열은 무작위성을 기준으로 보면 어떤 순서가 될까?

알고리즘적 무작위성은 그 숫자를 만들어낼 수 있는 가장 짧은 컴퓨터 프로그램의 길이로 정의된다. (중복되는 단계를 더해서 쓸데없이 프로그램을 길게 하는 것을 방지하기 위해서 '가장 짧은'이라는 수식어가 꼭 필요하다.) 다행스러운 것은 '길이'라는 용어가 갖는 형식이나 정의가 별로 중요하지 않다는 것이다. 길이를 재는 방법은 컴퓨터 프로그램을 보통 숫자의 형태로 나타내고 이 숫자의 자릿수를 세는 것이다. 위의 예에서 첫 번째 숫자를 만드는 프로그램은 숫자로 바뀌기 전에는 “0부터 9까지의 자연수를 커지는 순서로 나열하고, 원하는 자릿수가 될 때까지 반복하라”로 읽히게 될 것이다. 두 번째 것은 “대수학의 표준 공식을 써서 π를 계산하고 원하는 자릿수에서 멈추고, 소수점을 빼라.”가 될 것이다. 세 번째 것은 내가 컴퓨터에 무작위로 쳐서 넣은 것이라서 프로그램으로 만들 수 없다. 이 숫자를 다시 쓰는 방법은 이것을 복사하는 것이므로, 이것의 ‘프로그램’은 숫자의 나열 그 자체이고, 이것의 알고리즘적 무작위성은 이 숫자의 자릿수가 된다. 그리하여 무작위성은 첫 번째의 배열에서는 거의 0이고 π의 공식은 간단하므로 두 번째에서는 비교적 작고, 세 번째에서 가장 크다. 덧붙여, 이 세 가지 배열이 무한대로 이어진다면 무작위성은 처음 두 경우에는 변함이 없으나 세 번째의 경우는 무한대가 될 것이다.

마찬가지로 카드 한 묶음에서의 알고리즘적 무작위성은 간단하고 예측 가능한 방식으로 되어 있을 때 가장 낮고 그런 순서가 없을 때 최대가 된다. 카드 묶음이나 공기로 채워진 병에 대해 다 알고 있더라도 알고리즘적 무작위성이 무질서 정도를 나타내고, 더구나 이것을 통계나 확률을 사용하지 않고서도 할 수 있으므로, 주렉은 알고리즘적 무작위성이 엔트로피를 새롭게 정의할 때 유용하리라는 것을 알아내었다.

연구소 식당에서 점심을 먹으면서 주렉은 그의 새로운 엔트로피가 항상은 아니더라도 대부분의 경우에 이전의 엔트로피와 수치적으로 비슷하도록 고안되었다는 것을 강조하였다. “그러는 것이 좋을 것입니다"라며 그가 웃었다. "그렇지 않다면 클라우지우스와 볼쯔만이 내린 정의가 이론과 실제에서 150년간 성공적이었다는 점에서 저의 제안은 금방 거부되었을 것입니다." 그렇지만 새 엔트로피의 정의는 이전의 것과는 개념적으로 많이 다르고, 그렇기 때문에 한동안은 논쟁거리가 될 것이라고 그는 설명하였다.

"그것이 지금의 엔트로피를 대신하게 될까요?" 내가 물었다. 주렉은 웃으면서 어깨를 으쓱했다. "그러기를 바라지요"라며 그는 인정했다. 그러나 그는 이것을 널리 알리는 데 자신이 할 일을 다 하지 않았다고 자책하였다. 나는 클라우지우스의 엔트로피 정의가 이론 물리학 용어로 정착되는 데 이십 년이 걸렸던 사실을 그에게 상기시켰다.

주렉이 혁신시킨 주된 내용은 엔트로피를 초월자의, 관찰하고 있는 계의 밖에서 내려다보는 전지적인 존재의, 달리 말하면, 물리학자의 입장이 아니라 "도깨비의 입장에서" 정의하였다는 것이다. 이 문구는 그날 오후에 여러 번 나와서 나는 주렉이 소년 같고 인습에 얽매지 않는 것이 특별히 도깨비에서 매력을 느껴서 그런 것이 아닌가 하는 의심을 하였다.

주렉의 상상 속에서 도깨비는 상자 안에 앉아서 분자를 지켜보고 있다. 도깨비의 입장에서 보면, 분자는 그가 측정하고 기록한 것과 그렇지 않은 두 가지로 구분된다. 조절하고 정돈하는 업무를 수행하면서, 그는 상충되는 두 종류의 무질서 또는 엔트로피가 있다는 것을 알아챘다. 첫 번째 것이 절대적으로 큰 것인데, 이것은 그가 모르는 것에서 온다. 그것은 그가 아직 관찰하지 않은 분자와 관련 있는 엔트로피—볼쯔만이 정의한 잃어버린 정보—이다. 또한 이전에는 간과되었던 종류인 작은 무질서가 있다. 그 양을 비교하자면, 볼쯔만의 엔트로피가 호숫물이라면, 이것은 종짓물 정도다. 도깨비가 이미 수집하고 테이프에 기록한 정보에도 무질서가 있고, 이것은 테이프의 알고리즘적 무작위로 어림하여 재게 된다. 이렇게 해서 주렉이 물리적 엔트로피physical entropy라고 부르는 새로운 정의에 도달하게 된다. 물리적 엔트로피는 잃어버린 정보의 엔트로피에 기록된 정보가 갖는 알고리즘적 무작위를 더해서 얻는다.

새 개념은 꽤 설득력이 있다. 무질서, 즉 엔트로피는 정보에 숨겨져 있고, 정보는 잃어버린 정보와 갖고 있는 정보로 두 가지로 나뉜다. 이 둘이 물리적 엔트로피를 이룬다.

그의 새로운 정의로 주렉은 처음에 말했던 두 가지 난제를 극복하였다. 엔트로피는 절대적인 것으로서 정의되었고 확률에 기대지 않는다. 더해서 도깨비가 테이프를 지우게 되면 엔트로피는 '알고 있는 정보' 칸에서 '잃어버린 정보' 칸으로 옮겨가지만, 전체 합은 변하지 않는다. 이 효과는 종지의 물을 흘리지 않고 호수에 붓는 것과 같다. 새로운 정의에 의하면 물리적 엔트로피는 도깨비가 정보를 지우거나 그대로 갖고 있기를 결정하는 것과는 상관이 없게 된다. 이전에 쓰였던 엔트로피보다 그 의미가 더 확고하게 되었다.

나는 주렉에게 그의 엔트로피가 열역학 제2법칙의 공식과 어떻게 맞는지를 질문하였다. 만약 도깨비가 없다면 엔트로피는 전체가 잃어버린 정보의 한 종류이므로 이전 이론이 변함없이 적용될 수 있다며 그가 답하기 시작하였다. 이와 정반대로, 만약 전지적인 도깨비가 있어서 계에서 알아야 할 것을 다 안다고 하더라도, 역시 열역학 제2법칙은 성립된다. 잃어버린 정보가 없으므로 엔트로피는 모두 도깨비가 갖고 있는 기록에 있는 것이다. 초기의 매우 잘 정돈된 상태는 기술하기 쉬워서 알고리즘적 무작위가 적은 반면에 흐트러진 상태를 설명하려면 더 많은 말이 필요하므로 높은 무작위성을 뜻한다. 에렌페스트의 항아리처럼 자연은 단순한 것에서 복잡한 것으로, 질서에서 무질서로, 낮은 엔트로피에서 높은 엔트로피로 나아간다.

전지적인 도깨비가 있건 없건, 물리적 엔트로피는 평형이 될 때까지 저절로 커진다. 이 두 극단의 경우가 설명되었으므로 도깨비가 부분적으로만 알고 있는 중간의 경우도 열역학 이론과 합치할 것이라고 믿는 것은 어렵지 않다. 요약하자면, 물리적 엔트로피라는 주렉의 개념으로 어렵지 않게 열역학 제2법칙을 공식화할 수 있다. 또한 자세하게 분석하면, 예상한 바와 같이 열역학 제2법칙은 차가운 상자에서 더운 상자로 열을 밀어 올리는 일을 도깨비가 하지 못하도록 한다.

이 새로운 해석이 용어를 더 명확하게 하였지만, 그렇다고 이것이 열역학 제2법칙을 증명하는 것은 아니다. 열역학 제2법칙을 오래된 확률론의 침대에서 끌어내어서 미래지향적인 복잡성 이론의 받침대에 올려놓았지만, 이것이 증명을 앞당기게 될지는 두고 볼 일이다.

주렉은 새 엔트로피 이론의 요체인 알고리즘적 무작위 자체가 논쟁의 대상이라는 점을 내게 주지시켰다. "어떤 자료를 만들어내는 가장 짧은 컴퓨터 프로그램"이라고 말하는 것은 좋지만 이 정의로는 그 프로그램을 작성하는 데 도움이 될 것이 하나도 없다. π에 대해 한 번도 들어본 적이 없는 사람은 마구잡이인 것처럼 보이는 π의 숫자 나열을 보고 무한대의 복잡성이 있다고 할 것이고, 경험 있는 수학자는 복잡성이 낮다고 할 것이다. 누가 맞는 것인가?

기체로 채워진 용기를 기술할 때는 "가장 짧은 컴퓨터 프로그램"이라는 문구의 모호성이 그리 심각한 문제가 되지는 않는다. 모든 분자의 위치와 속도를 목록으로 나열하는 일은 복잡하지 않으며 π를 인식하는 데 필요한 수학적 지식이 없어도 된다.

그렇지만 알고리즘적 무작위가 갖고 있는 주관성은 해석상의 문제가 있음을 의미하므로, 주렉의 엔트로피 정의가 현재의 것을 대신하고 일상적으로 사용되려면 이 문제는 해결되어야만 한다.

나는 응용성에 관해 의문이 생겼다. "이것이 엔트로피를 작업의 도구로 이용하는 공학자와 화학자에게 어떤 영향을 줄 것 같습니까? 언제쯤 그 사람들이 당신이 제시한 변화를 수용할 것 같습니까?" 주렉은 또 한 번 웃었다. 그의 이론을 비판으로부터 보호해 주는 바로 그 상황으로 인해 곧바로 가시적인 영향을 볼 수 없게 한다. 클라우지우스의 오래된 공식에 알고리즘적 복잡성을 감안하여 더해지는 엔트로피는 대부분의 경우 몹시 작아 실제로 적용할 때는 무시할 만한 수준이다. 자연은 적절한 상수를 선택하여 이런 일을 알아서 처리한다.

물리학의 모든 분야에서 그런 것처럼, 열역학에서도 몇 가지 상수가 있고 우리는 그 값을 측정하거나 아니면 그대로 받아들인다. 그리하여 특수 상대성 이론은 매우 큰 값인 빛의 속도 *c*를 바탕으로 성립되었다. 차나 사과와 같이 물체의 속도가 *c*보다 한참 작으면 특수 상대성 이론의 효과는 잴 수 없을 정도로 작다. 이런 이유로 아인슈타인의 이론이 논리적 일관성을 갖췄다는 것은 바로 확인되었지만, 실험으로 검증될 때까지는 무척 오랜 시간이 걸렸다. 양자역학에서는 정반대의 일이 일어났다. 여기에 들어가는 수는 플랑크의 작용양자 *h*로 이 값은 상상하기 어려울 정도로 너무 작아서 그 효과를 구분해내기가 어렵다. 만약 *c*가 더 작고 *h*가 더 컸더라면 상대성 효과와 양자역학은 중력가속도 *g*처럼 우리의 일상생활과 본능에 많은 영향을 주었을 것이다.

열역학에서는 *c*와 *h*에 해당하는 자연 상수로 볼쯔만 상수 *k*가 있다. 이것은 절대온도를 분자의 에너지로, 경우의 수의 로그값을 엔트로피로 전환시킨다. 1950년대에 있었던 브리유앵, 위너, 게이버의 이론에 의하면, *k*는 정보와 엔트로피도 연관 짓는다. 에너지를 온도로 나눈 것에 해당하는 단위(J/K)로 표시되면 *k*는 1조분의 1의 1조분의 1밖에 되지 않아서 얄팍한 인간의 이해 수준을 훨씬 넘는다. *k*가 감지할 수 있는 효과를 보이는 경우가 있다면 그것은 보통 쓰는 엔트로피에 적용될 때 여기에 분자의 개수가 곱해지기 때문이다. 이 숫자는 다시 1조 곱하기 1조의 단위가 되기 때문에 *k* 값이 작은 것을 보완한다. 그러나 주렉의 알고리즘적 복잡성에 나오는 엔트로피의 경우 이런 보완이 일어나지 않는다. 이 경우에는 $k$에 곱해지는 숫자는 도깨비가 수집한 정보의 자릿수라서 실로 매우 작은 숫자가 만들어지고 따라서 실제로는 이전의 엔트로피에 있는 듯 없는 듯한 만큼만 더 하는 것이다.

"그러면 도대체 왜 이런 것에 신경을 써야 하나요?" "그건 원리상의 문제이기 때문이지요." 주렉은 항의 조로 답했다. 모든 과학 이론에서 그렇듯이 엔트로피 개념도 유용한 것이므로 새로운 아이디어가 나오면 다듬고, 보충하고, 수정해야 할 필요가 있다. 언젠가는 나노 과학기술이 현재보다 훨씬 적은 수의 분자를 다루게 되고, 컴퓨터가 오늘날보다 더 방대한 정보를 저장하게 되면, 두 종류의 엔트로피는 그 값에서 서로 가까워지게 될 것이며 새 이론도 실험으로 검증할 수 있게 될 것이다. 당분간 주렉의 새 이론은 자체의 논리에만 기댈 수밖에 없다.

오후 늦게 주렉이 쏟아부은 아이디어와 계산의 폭포로 지친 나는 그에게 도깨비가 최종적으로 죽었다고 생각하는지를 물었다. "절대 아닙니다." 놀라운 답이었다. "그는 그동안 단지 자신의 능력보다 수준 낮은 일을 했을 뿐입니다. 그는 평형 상태의 기체 속에 앉아서 그가 할 수 없는 열역학 제2법칙을 거스르려는 멍청한 노력을 하는 대신, 평형에서 한참 멀리 떨어진 계에 있어야 합니다. 그리고 거기에서 그는 엄청난 지적 능력을 활용해서 가능한 한 최대한의 에너지를 얻을 수 있는 방법을 찾았어야 합니다. 도깨비는 열역학 제2법칙을 유용한 목적을 위해 활용해야지, 그것을 뒤집으려고 해서는 안 됩니다."

나는 주렉에게 시간을 내준 것에 대해 감사하고 떠났다. 내가 보기에는 도깨비가 마침내 임자를 만난 것 같다. 백 년이 넘게 사람들은 그를 두려워하고 그의 존재를 의심스러워했다. 그리고 그를 제거하려고 모든 노력을 다해 왔다. 마침내 여기에 그를 제대로 이해하고 그의 관점에서 사물을 보려는 사람이 나타났다. 그래서 그는 이 불쌍한 작은 도깨비에게 창밖으로 내친다고 위협하는 대신, 그에게 부여된 헛된 임무를 포기하라고 조용히 명령하고 어두침침한 상자에서 불러내어서 새로운 삶의 목적을 부여하였다.

맥스웰의 도깨비: 열과 시간의 비밀

20

# 환상 속으로의 여행: 도깨비, 인간의 몸속으로 들어가다

어떤 이론이 허물어지고 보다 유용한 보편적 개념이 그 자리를 대신할 것이라는 사실을 알게 되면, 허물어지는 이론은 망가진 오늘이 남기는 침울한 잔재가 아니라 보다 밝고 새로운 내일을 알리는 선구자가 된다.

—*Isaac Asimov*

제임스 클럭 맥스웰은 끊임없이 움직이는 분자 집단에 저장되어 있는 막대한 양의 에너지를 활용하는 도구로서 도깨비를 고안하였다. 분자들의 무작위적이고 혼돈스러운 운동은 민감한 마이크를 이용하여 소리로 옮기게 되면, 쓸모없이 귀에 거슬리는 잡음으로 끊임없이 단조롭게 들리는 삐— 소리로 나오기 때문에 종종 '열잡음thermal noise'이라고 부른다. 가장 초보적인 형태의 도깨비는 어느 한 방향으로 움직이는 분자를 모아 에너지를 흐르게 하여서 열잡음을 줄이는 도구로써 작동하도록 되어 있다. 이것은 맥스웰이 부를 때는 밸브이고, 파인만의 분석에서는 멈춤쇠가 되고, 전기공학에서의 용어로는 정류기가 된다. 1912년 이후로 물리학자들은 열역학 제2법칙을 거스르는 이런 도구는 작동하지 않는다는 것을 알게 되었고 이후 점점 더 확신이 쌓여 왔다.

단순히 역학적 기계로서는 더 이상 역할을 할 수 없게 된 도깨비는 관찰하고 생각할 수 있는 능력을 갖추고 돌아왔다. 그리하여 그는 '정보'와 '지능'으로 불리는 수수께끼 같은 것에 관심이 집중되도록 하였다. 맥스웰의 도깨비는 자연과학에서 이런 개념을 어느 정도 명확하게 하는 데 도움을 주었지만, 이들을 보다 정밀하고 활용성이 높도록 하여 에너지나 엔트로피와 같은 보편적인 개념적 도구의 수준으로 끌어올리려면 앞으로도 많은 연구가 필요하다. 이런 와중에 도깨비는 다시 예전의 역학적 형태로 돌아가서 마침내는 그의 헛된 사명을 포기하고 대신 눈높이를 낮췄다. 워즈텍 주렉이 권하는 대로 그는 더운 공기로 가득 찬 상자 속에 있는 안락한 횃대를 떠나 더 넓고, 덜 평온한 광장에 자리 잡았다. 이렇게 자리를 옮기자 그는 눈이 번쩍 뜨일 만한 새 삶을 얻게 되었다. 동시에 도깨비는 또 다른 연구 영역으로 막 피어나는 분자생물학으로 기어들어 갔다. 백서른 살이라는 늙은 나이에 이 맥스웰의 종은 앞날의 전망이 밝은 새로운 영역을 찾은 것이다.

그의 마지막 변신은 거스를 수 없으면 동참하라는 오래된 격언의 좋은 예이다. 역학적 도깨비가 열잡음에서 에너지를 끄집어낼 수 없다면, 어떤 것이 이런 일을 할 수 있는 가장 간단한 장치가 될까? 밸브나 멈춤쇠를 어떻게 바꾸면 열역학 법칙을 따르면서도 열잡음을 활용하는 엔진이 될 수 있을까? 어떻게 도깨비에게 삶을 불어넣을 수 있을까? 사실 좀 억지스러운 이런 질문보다 이에 대한 답이 커다란 분자들이 어떻게 사람 몸속에서 중력을 이기고 거슬러 올라가며, 어떻게 근육이 화학에너지를 운동으로 바꾸는지를 밝혀줄 수 있다는 사실을 발견하게 된 것이 더 흥미로운 일이다. 이 영리한 도깨비가 다시 한번 흥미로운 과학의 중심으로 돌아온 것이다.

최근에 나온 열잡음의 정류에 대한 이론적, 실험적 논문들은 하나 같이 리처드 파인만의 톱니 달린 기계를 거론하면서 시작한다. 이 기계가 논의의 틀을 제공하고 직관적으로 호소력이 있는 언어를 성립시키기 때문이다. 이 기계에 대한 기억을 되살려보자. 빌라르 드 오네쿠르, 아이작 뉴턴, 사디 카르노, 로베르트 마이어 등의 바퀴의 계보를 잇는 작은 풍차가 더운 공기로 채워진 상자 속에 있고 부단히 와서 부딪히는 분자로 인해 날개가 앞뒤로 무작위적으로 회전한다. 이런 운동을 잠재우기 위해 풍차의 축에는 시계나 드라이버 등에 쓰이는 것과 비슷하게 톱니바퀴와 멈춤쇠 장치를 하였다. 풍차가 앞으로 돌면 멈춤쇠는 톱니바퀴의 길고 완만한 톱니 경사면 하나를 따라 부드럽게 미끄러져 가다가, 아래로 내려가는 급경사마다 다음번 톱니로 내려앉으며 톱니 장치가 된 드라이버를 반대로 돌릴 때처럼 따르르륵 소리를 낸다. 그러나 축이 뒤로 돌려고 하면, 멈춤쇠는 급경사 면으로 가서 움직이지 않으므로 더 이상 회전을 할 수 없다. 그 결과로 앞뒤로 마구잡이로 흔들리는 것을 순전히 앞으로만 돌도록 한다.

파인만은 그의 장치가 작동하기만 하면, 기체에서 에너지를 얻을 수 있다는 것을 인정한다. 축에 줄을 감고 여기에 작은 추를 달면 추도 들어 올릴 수 있을 것이다. 그렇지만 이 기계장치의 금속 부품 사이의 마찰로 곧 멈춤쇠가 데워져서 뜨거운 프라이팬에 물방울을 올려놓은 것처럼 멈춤쇠는 위아래로 튀게 되고 조절할 수 없게 된다. 멈춤쇠는 제 역할을 못 하게 되어서 축이 잘못된 방향으로 도는 일도 종종 생긴다. 파인만은 계 전체가 같은 온도에 있게 되면, 즉 물리학의 용어로 열적 평형에 이르면, 풍차의 운동은 서로 상쇄되어 남는 것이 없게 된다는 것을 보였다. 이 논의는 1964년 코넬 대학교에서 〈과거와 미래의 구분〉이라는 제목으로 한 유명한 강의의 한 부분이었고, 《물리 법칙의 특징》과 유명한 《파인만의 물리학 강의》으로 출판된 것으로서 수 세대의 물리학자에게는 가장 설득력 있게 역학적 도깨비의 문제점을 지적한 것이었다. 이제 이 기계의 설계를 개선해야 할 시점에 왔다.

다음 단계로 나아갈 방향은 파인만 자신이 제시하였다. 그는 이 장치를 계속 작동하도록 하는 것은 쉬운 일이라는 것을 지적하였다. 단지 톱니바퀴를 차갑게 하면 되는 것이다. 만약 주변에 마찰로 인한 열을 흡수하는 찬 열 탱크가 있어서 톱니바퀴의 브라운 운동을 잠재울 수 있다면, 장치 전체는 상자 안의 기체에서 열을 받아 부분적으로는 일을 만들고 나머지는 찬 열 탱크로 내버리는 보통 기관과 같이 작동할 것이다. 사실은 이 기관을 거꾸로 돌릴 수도 있다고 파인만은 주장하였다. 즉, 바깥에서 멈춤쇠를 데워 상자 안의 기체보다 높은 온도가 되도록 한다면, 이것은 톱니바퀴의 길고 완만한 경사면을 세게 밀어서 다음번 톱니로 옮겨갈 때까지는 뒤로 움직일 수 있고, 이로써 풍차를 거꾸로 돌릴 수 있다고 하였다. 비록 이런 시나리오는 상상하기도 어렵고 현실적으로 점검할 수 없지만, 의심스러운 점은 묻어버리고 그의 주장을 그대로 인정하는 것이 현명할 것이다.

궁극적으로 파인만이 주장한 것은 평형에서는 톱니바퀴나 그와 비슷한 것이 있더라도 열잡음 때문에 운동이나 일을 만들어낼 수 없다는 것이다. 그러나 외부에 열을 내거나 흡수하는 열 탱크가 있어 온도 차가 생기게 되면, 이 장치는 열잡음에서 에너지를 뽑아낼 수 있게 된다는 것이다.

이로써 파인만의 작은 모터는 교재에 나오는 그림 이상의 의미를 갖게 된다. 실제로 만들어져서 작동한다면, 자연의 어디에나 있는 브라운 운동을 이용하여 유용한 목적에 쓸 수 있는 장치에 대한 하나의 전형이 될 것이다. 가장 많은 관심을 보이는 사람들은 분자와 이보다 큰 유기체가 펌프나 모터의 도움 없이 어떻게 사람 몸속을 돌아다니는지를 설명하기 위해 노력하는 생리학자들일 것이다. 체온으로 브라운 운동을 만들고 이를 활용하는 방식이 바로 그것일지도 모른다.

불행하게도 실제로는 그렇지 않다. 마이어와 같은 내과 의사이자 시카고 대학의 생화학 및 분자 생물학 교수인 R. 딘 애스튜미안R. Dean Astumian은 인체의 열잡음을 이용하는 방법을 시험하여, 이런 제안이 원리적으로는 작동하여야 하지만 실제로 계산해보면 그렇지 않다는 것을 발견하였다. 문제는 차가운 열 탱크와 더운 열 탱크 사이에 필요한 온도 차가 생명체의 아주 작은 크기 범위 안에는 있을 수 없다는 것이다. 세포의 양 끝에 큰 온도 차를 유지할 수 없으면 이를 이용해서 세포를 통해 분자를 이동시킬 수 없다는 것이다.

이런 비관적인 분석에 좌절하지 않고 애스튜미안과 세계 곳곳의 실험실의 과학자들은 맥스웰이 무심코 들어갔던 막다른 길에서 연구의 방향을 돌렸다. 이들의 목적은 온도 차 이외의 다른 영향이 톱니바퀴를 돌릴 수 있는가를 알아내는 것이었고, 그 답은 '그렇다'로 나왔다. 그 결정적인 추가 요소는 톱니바퀴의 작동에서 고려하지 않았던 부분에서 발견되었다. 파인만은 자신의 사고실험에서 톱니바퀴의 구조에는 매우 세심한 주의를 기울였지만, 시간 조절에 대해서는 언급한 것이 거의 없었다. 그리고 여기에 단서가 있었던 것이다. 만약 장치가 결정적인 순간마다 규칙적으로 작동을 멈추면 일을 하도록 만들 수 있다.

이것이 어떻게 가능한지를 알려면 파인만의 톱니바퀴에서 멈춤쇠를 규칙적으로 들어올리는 시간 장치가 된 모터를 연결하면 되겠지만, 이렇게 만들어진 루브 골드버그Rube Golberg의 장치는 너무 복잡해서 올바르게 분석하기 어렵게 된다. 그러므로 우리는 파인만의 바퀴를 빅토리아 시대의 물리학에서 사용한 역학적 기계들이 쌓인 채 먼지로 덮인 과학사의 창고에 처넣고, 보다 간단하고 깔끔하고 우아한 신종 톱니바퀴를 생각해보기로 하자. 파인만의 풍차처럼 상상 속의 것이 아니라, 실제로 실험실에서 작동시켰던 사례가 있으므로 이것을 살펴보기로 하자.

1995년 철두철미한 실험가로서 15년 전에는 막 발아하기 시작한 카오스 이론의 놀라운 예측을 처음으로 (실험으로) 확인한 몇 사람 중의 하나인 프랑스 물리학자 알베르 리브샤베르Albert Libchaber는 파리의 고등 사범학교의 동료들과 함께 그들이 '광학적 열적 톱니바퀴'라 부르는 장치를 만들었다. 단지 그 이름만 파인만의 기묘한 도구를 연상시킬 뿐이고, 실제 장치는 첨단 기술의 결정체이다.

물과 거의 비슷한 밀도를 갖는 아주 작은 플라스틱 공이 물에 약간만 잠긴 채로 떠 있다. 이 공은 사방으로 물 분자에 부딪혀서 브라운 운동으로 왔다 갔다 한다. 리브샤베르의 연구팀은 이것을 절묘하게 설계된 '광학 집게'들이 설치되어 있는 속으로 밀어 넣는다. 이 광학 집게는 금속이나 유리나 플라스틱이 아니라 레이저 빛을 거미줄 구조처럼 만든 것이다. 투명한 물체에 빛을 쪼이면 생기는 미약한 압력으로, 그들은 빛나는 롤러코스터의 소형 모형이라고 할 수 있는 네 개의 언덕과 네 개의 골이 있는 원 모양의 경사로를 만들고 여기에 공을 갖다 놓는다. 여기에 필요한 공간적 비대칭성을 주는 '톱니바퀴' 부분은 길게 천천히 오르다가 짧고 급하게 떨어지는 언덕의 모양에서 찾게 된다.

공이 롤러코스터의 골에 있으면, 브라운 운동으로 떨리기는 하지만 아무 일도 일어나지 않는다. 공간적 비대칭성이 있는 구조에서도 열잡음으로는 아무런 움직임을 만들어내지 않는다.

그러나 이 롤러코스터는 빛으로 만든 것이라서 변형하기가 쉽다. 가끔씩 정기적으로 일정 시간 동안 원 궤도만 남기고 언덕을 일부러 꺼서 없앤다. 이렇게 되자마자 공은 열잡음으로 이쪽 또는 저쪽으로 돌기 시작한다. 이 장치에 그냥 놔두면 공은 원주를 따라서 왔다 갔다 하지만 결국엔 자리를 옮기지 못한다. 그러나 곧바로 언덕을 다시 켜기 때문에 공을 그냥 놔두지 않는다. 언덕이 다시 나타나면 공은 바로 앞에 있는 골에 빠지거나 처음에 있던 자리로 굴러가게 된다. 이에 비해, 공이 뒤로 많이 물러나서 원래 있던 경사면을 넘어 그 뒤의 골로 갈 확률은 매우 낮다. 이 일의 알짜 효과는 경이로운 것이다. 공이 느리고 멈칫거리기는 하지만 멈추지 않고 앞으로 나아간다. 이것이 움직이는 속도는 깜빡거리는 롤러코스터의 공간적, 시간적 세부 사항에 따라 바뀌지만, 열잡음을 정류시키는 원리가 정립되었다. 브라운 운동을 잡은 것이다. 마침내 톱니바퀴가 작동하게 되었다.

열역학 제2법칙에는 아무런 영향이 없다는 점에 주목할 필요가 있다. 사실, 공은 물 분자보다는 꺼졌다 켜졌다 하는 레이저 빛에서 더 많은 에너지를 받기 때문에 열역학의 관점에서 보면, 이 장치는 매우 효율이 낮은 모터를 가진 것뿐이다. 그렇지만 공은 열잡음에도 불구하고가 아니라 바로 열잡음으로 움직인다. 중력이나, 가속기에서 입자를 가속시키는 거대한 전기적, 자기적 힘이나, 끓는 주전자나 연소기관의 실린더에서처럼 큰 온도 차나, 건전지처럼 화학 조성의 차이가 없이도 방향성 있는 운동이 이루어진 것이다. 리브샤베르의 연구팀은 빛을 조각하는 방법을 배워서 작은 도깨비를 만들고 이것의 움직임을 원격 조정하는 데 성공하였다. 그들의 목적은 실용적인 기계를 설계하는 것이 아니라 열잡음을 길들이는 기본적인 작동 원리를 보이는 것이다.

이제 원리가 밝혀졌으므로 이론 연구가 급속하게 뒤따를 것이다. 수리 물리학자들은 역학과 열역학 법칙에 근거하여 열잡음, 톱니바퀴로 시간을 주기적으로 혹은 무작위적으로 바꾸면서 작동하는 장치의 모형을 만들기 위한 공식을 고안해낼 것이다. 공간 구조가 아니라 시간적 주기에도 이를 위해 필수적인 비대칭성이 있을지도 모른다. 가능성은 무궁무진하다. 어떤 경우라도 맥스웰의 도깨비는 이론적으로만 존재하는 구경꾼이 되어 버려서 우리는 더 이상 도깨비를 볼품없는 난쟁이라고 상상할 수 없게 될 것이다. 그러나 그는 시詩에서 잃은 것을 능력으로 얻을 것이다.

애스튜미안은 1997년 봄에 "잡음을 기술적으로 활용하는 일은 아직 초기 단계이고, 앞날에 무슨 일이 있을지는 아직 명확하지 않다"라고 썼다. 그렇지만 그는 21세기에 나타날 분자 모터나 분자 펌프는 일반 증기기관, 풍차, 수차 등을 구성하는 기어, 지렛대, 용수철, 톱니바퀴 등의 기계장치보다는 화학적 과정과 더 비슷할 것이라는 과감한 예측을 하였다. 작은 분자의 전기적 힘이 미는 방향으로 열에 의해 움직인다는 점에서 화학적 과정과 열 톱니바퀴는 닮은 점이 있다. 애스튜미안의 관점은 나노 기술이라는 이름하에 나오기 시작하는 분자 크기의 배관과 기계 등을 보이는 눈길 끄는 그림들이 잘못된 인상을 주었을 수도 있다는 것을 의미한다. 절묘하게 원자 수준에서 설계하는 자연의 방법을 배울 수 있다면 사람이 만든 조악한 장치를 아주 작게 축소시키려고 힘들여 노력할 필요가 없을 것이다. 또한 열을 유용한 운동으로 바꿀 때도 현재 있는 모터에서처럼 소모적으로 단절적으로 두들기는 방식에 의존하지 않고, 수많은 미시적 단계를 거쳐서 매끄럽고 연속적으로 진행하게 될 것이다. 이런 모든 일이 가능하게 되면, 우리는 길을 보여준 도깨비에게 감사해야 할 것이다.

더 매끄럽게 작동하는 나노 기기 장치의 미래상보다 더 흥미로운 것은 열 톱니바퀴의 원리가 생화학적 과정의 바탕에 있을 것이라는 가능성이다. 특히, 애스튜미안은 공간적으로 비대칭적이고 주기적으로 변형시키는 일이 브라운 운동을 이용한 모터에는 필수적이고, 광학적 톱니바퀴의 경우에는 이를 인공적으로 만들어 내었지만, 자연적으로도 일어날 수 있는 몇 가지 길을 제시한 바 있다. 공간적 비대칭성은 앞쪽에는 양의 전하가 있고 뒤쪽에는 이에 대응하는 음의 전하가 있는 기다란 분자가 마치 서커스의 코끼리처럼 머리와 꼬리로 연결된 사슬과 같은 것으로도 실현될 수 있다고 그는 믿고 있다. 이런 구조에서 양극과 음극의 간격은 분자 하나하나의 길이(코끼리)에 해당하는 긴 부분과 이들 사이의 짧은 부분(두 코끼리 사이)이 번갈아 가며 있게 된다. 전하를 갖는 원자가 지나가면서 이 사슬을 전기적인 톱니 모양으로 느끼게 될 것이다. 열 톱니바퀴의 다른 요소인 시간에 따른 주기적 변형은 평형 부근에서 왔다 갔다 하는 화합물의 반응으로 얻을 수 있을 것이다.

이런 식으로 애스튜미안은, 최소한 가상적으로나마, 화합물과 입자를 생명체의 조직을 통해 이동시키는 자연의 모터를 구성하는 데 필요한 열잡음, 톱니바퀴, 그리고 시간을 조절하는 방법으로 구성된 도구를 만들었다. 이것이 인체가 필수적인 영양소를 세포벽을 통해 펌프질하는 방법일까? 이것이 근육이 수축하는 길인가? 이것이 생명체가 작동하는 방법인가? 만약 그렇다면, 사람의 몸은 증기기관을 흉내 내고 있다고 한 마이어의 생각을 뒤집어서 생명체를 흉내 내는 새로운 기관을 설계할 수 있을 것이다.

물리, 화학, 생물, 공학을 이렇게 융합시키면 열역학이라는 오래된 학문의 위업이 될 것이고 맥스웰의 도깨비를 기리는 의미 있는 기념비가 될 것이다.

맥스웰의 도깨비: 열과 시간의 비밀

# 찾아보기

## ㄱ



## ㄴ



## ㄷ



## ㄹ

ㅁ



ㅂ



ㅅ



ㅇ

## ㅈ

맥스웰의 도깨비: 열과 시간의 비밀

## 옮긴이 소개

**권영욱** 성균관대학교 자연과학대학 화학과

맥스웰의 도깨비: 열과 시간의 비밀

| 발행일 2024년 4월 30일 초판 발행
| 지은이 Hans Christian von Baeyer
| 옮긴이 권 영 욱
| 발행인 박 종 성
| 발행처 사이플러스 Science plus
| 주 소 (우) 07202 서울특별시 영등포구 양평로 30길 14
세종앤까뮤스퀘어 1106호
| 전 화 02-332-6171
| 팩 스 02-332-6185
| 등 록 2005.10.20. 제2022-000100호

| ISBN 979-11-88731-55-8 03400 값 25,000원

맥스웰의 도깨비: 열과 시간의 비밀